有机化学实验

刘大军 王媛 程红 周奋国 李文斐 主编

清华大学出版社
北京

内 容 简 介

本书是根据化学、应用化学、化工、环境、材料、生物等专业"有机化学实验"的教学内容及省级化学实验教学示范中心对有机化学实验课的基本要求编写的。基本实验操作和基础实验的目的是使学生认识和掌握常用仪器设备的使用方法、实验操作基本技能、简单有机化合物的合成和分离提纯；综合性实验以系列基础实验串联为主，培养综合实验技能；设计性实验以学生为主体，给出实验要求、提示和参考文献，锻炼学生的实验设计能力；研究性实验结合教师的科研内容，使学生在查阅文献的基础上设计化合物结构、确定实验步骤、完成分离提纯、确定表征结构和性能测试，培养学生的独立科研能力；理论性实验目的是验证有机反应理论，培养学生理论实践相结合的能力。

本书可作为高等院校化学、化工相关专业的教学用书，也可供相关研究人员参考。

图书在版编目(CIP)数据

有机化学实验/刘大军等主编. —北京：清华大学出版社，2014（2022.7重印）
ISBN 978-7-302-37115-1

Ⅰ. ①有… Ⅱ. ①刘… Ⅲ. ①有机化学－化学实验－高等学校－教材 Ⅳ. ①O62-33

中国版本图书馆 CIP 数据核字(2014)第 146016 号

责任编辑：冯　昕
封面设计：常雪影
责任校对：王淑云
责任印制：曹婉颖

出版发行：清华大学出版社
　　　　　网　　　址：http://www.tup.com.cn，http://www.wqbook.com
　　　　　地　　　址：北京清华大学学研大厦 A 座　　　　邮　　编：100084
　　　　　社 总 机：010-83470000　　　　邮　　购：010-62786544
　　　　　投稿与读者服务：010-62776969，c-service@tup.tsinghua.edu.cn
　　　　　质量反馈：010-62772015，zhiliang@tup.tsinghua.edu.cn
印 装 者：三河市龙大印装有限公司
经　　销：全国新华书店
开　　本：185mm×260mm　　印　张：9　　　　字　　数：219 千字
版　　次：2014 年 8 月第 1 版　　　　印　　次：2022 年 7 月第 8 次印刷
定　　价：29.00 元

产品编号：060401-02

前　言

有机化学是一门实践性很强的学科,有机化学实验对有机化学的发展起着至关重要的作用。本教材配合省级实验教学示范中心建设,旨在内容上在体现有机化学理论基础知识和基本实验技能的同时使学生了解一些有机化学的前沿内容,得到实验的训练,获得更多的知识,并能够把各方面的知识综合联系起来,在实验设计上有一个质的飞跃,以达到培养学生实践能力和创新能力的目标。

本教材包括 6 章。其中第 1 章是有机化学基本实验操作,包含一些基本有机合成单元操作和基本分离提纯及化合物鉴定;第 2 章为基础实验,我们以经典的、有代表性的有机化合物和化学反应为主要内容,加强基本合成实验训练,掌握分离和纯化操作的基本方法;第 3 章为综合性实验,从实验原理、实验方法、基本操作的综合性考虑,以系列基础实验的串联实现综合训练,有利于综合素质提高,为后续设计性和研究性实验的实现奠定基础;第 4 章为设计性实验,以常见有机化合物为合成对象,只给出提示、要求和参考文献,锻炼学生查阅文献资料、设计合成路线方案、选择安装装置、确定最佳合成条件与分离提纯产物等能力;第 5 章为研究性实验,该部分结合教师的科研工作,以酞菁、卟啉大环化合物、近红外吸收化合物、光致变色化合物为研究对象,从结构设计开始,完成完整的合成方案设计、反应条件确定、产物合成与分离提纯、结构表征及相关性能测试等过程,从而锻炼学生独立科研的能力;第 6 章为理论性实验,选取了有机化学经典的反应机理,设计相应的实验内容,通过实验过程对反应机理进行验证,便于对反应机理认识的加深,达到理论与实践紧密结合的目的。此外,书后附录收集实验所需的相关数据和实验室安全常识,便于查阅使用。

本实验教材包含以下特色:

(1) 合理选择实验内容,涵盖专业面广,适合各个不同专业使用,为后续各专业实验教学奠定坚实的基础。

(2) 注重基础,强调基本实验内容、基本实验技能的培养,意在为学生打下扎实的实验基本功和标准的实验操作技能,为学生进行综合、设计和创新实验打下坚实的基础。

(3) 增加研究性实验内容,结合教师的科研内容进行创新性实验的设计,培养学生的创新思维和创新能力,为学生后续毕业论文环节及参加相关竞赛打下基础。

整个有机化学实验按照基础训练实验、综合实验、设计和开放实验、研究性实验四个层次来安排,注重实验题目与实际应用相结合,有机合成与结构表征相结合,实验技能与创新思维相结合。着重培养学生实验技能和综合知识应用能力,锻炼学生的科学思维和解决问题能力,同时培养学生的创新意识和创新能力。

　　本教材是在充分调研和初步的实践基础上编写的。由于编者水平有限,书中错误和不足在所难免,敬请同行和读者谅解并予以批评指正。

编　者

2014 年 6 月

目录

第1章

有机化学基本实验操作

1.1　常用玻璃仪器的使用

1.1.1　常用玻璃仪器

玻璃仪器是有机化学实验反应必备的物品,通常实验中常用玻璃仪器每人一套,由个人保管使用,使用玻璃仪器时轻拿轻放,除试管等少数仪器可以直接用明火加热外,一般都不能直接用明火加热。使用前注意仪器的选择和安装,注意玻璃仪器的规格及配套性。玻璃仪器通常分为普通玻璃仪器和标准口玻璃仪器两类。

1. 普通玻璃仪器

普通玻璃仪器见图1.1。

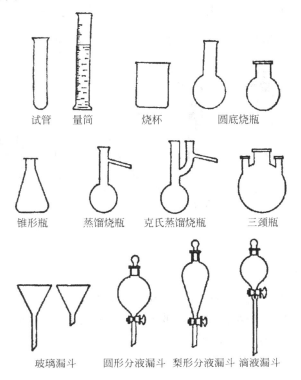

试管　量筒　　烧杯　　圆底烧瓶

锥形瓶　蒸馏烧瓶　克氏蒸馏烧瓶　三颈瓶

玻璃漏斗　圆形分液漏斗　梨形分液漏斗　滴液漏斗

图1.1　普通玻璃仪器

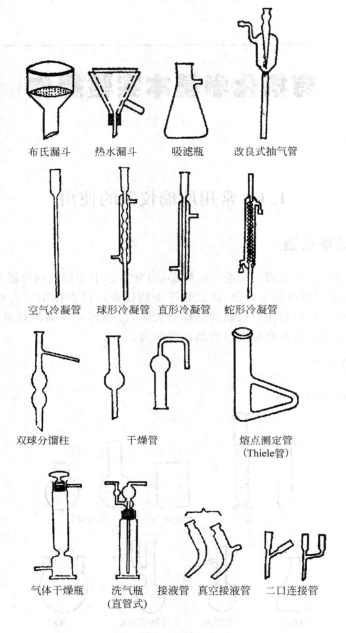

布氏漏斗　　热水漏斗　　吸滤瓶　　改良式抽气管

空气冷凝管　　球形冷凝管　　直形冷凝管　　蛇形冷凝管

双球分馏柱　　　　干燥管　　　　熔点测定管
　　　　　　　　　　　　　　　　　　　（Thiele管）

气体干燥瓶　　洗气瓶　　接液管　真空接液管　二口连接管
　　　　　　　（直管式）

图 1.1（续）

2. 标准磨口仪器

有机化学实验室常用带标准磨口的玻璃仪器（简称标准磨口仪器），使用磨口仪器，实验中可省去配塞子、钻孔等多项操作，比普通玻璃仪器使用方便，并能提高产物的纯度。

常用的标准磨口仪器有以下几种。

1）烧瓶

常用烧瓶见图 1.2。

圆底烧瓶　　　　梨形烧瓶　　　　三口烧瓶　　　　锥形烧瓶

图 1.2　烧瓶

（1）圆底烧瓶：能耐热和承受反应物（或溶液）沸腾以后所发生的冲击震动。在有机化合物的合成和蒸馏实验中最常使用,也常用作减压蒸馏的接收器。

（2）梨形烧瓶：性能和用途与圆底烧瓶相似。它的特点是在合成少量有机化合物时在烧瓶内保持较高的液面,蒸馏时残留在烧瓶中的液体少。

（3）三口烧瓶：常用于需要进行搅拌的实验中。中间瓶口装搅拌器,两个侧口装回流冷凝管和滴液漏斗或温度计等。

（4）锥形烧瓶（简称锥形瓶）：常用于有机溶剂进行重结晶的操作,或有固体产物生成的合成实验中,因为生成的固体物容易从锥形烧瓶中取出来。通常也用作常压蒸馏实验的接收器,但不能用作减压蒸馏实验的接收器。

2）冷凝管

常用冷凝管见图 1.3。

（1）直形冷凝管：蒸馏物质的沸点在 140℃ 以下时,要在夹套内通水冷却；但超过 140℃ 时,冷凝管往往会在内管和外管的接合处炸裂。

（2）空气冷凝管：当蒸馏物质的沸点高于 140℃ 时,常用它代替通冷却水的直形冷凝管。

（3）球形冷凝管：其内管的冷却面积较大,对蒸汽的冷凝有较好的效果,适用于加热回流的实验。

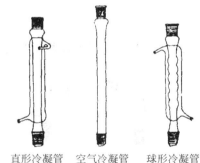

直形冷凝管　　空气冷凝管　　球形冷凝管

图 1.3　冷凝管

3）漏斗

常用漏斗见图 1.4。

（1）漏斗：在普通过滤时使用。

（2）分液漏斗：用于液体的萃取、洗涤和分离；有时也可用于滴加试料。

（3）滴液漏斗：能把液体一滴一滴地加入反应器中。即使漏斗的下端浸没在液面下,也能够明显地看到滴加的快慢。

（4）恒压滴液漏斗：用于合成反应实验的液体加料操作,也可用于简单的连续萃取操作。

（5）保温漏斗：也称热滤漏斗,用于需要保温的过滤。它是在普通漏斗的外面装上一个铜质的外壳,外壳与漏斗之间装水,用煤气灯加热侧面的支管,以保持所需要的温度。

（6）布氏（Buchner）漏斗：瓷质的多孔板漏斗,在减压过滤时使用；小型多孔板漏斗用于减压过滤少量物质。

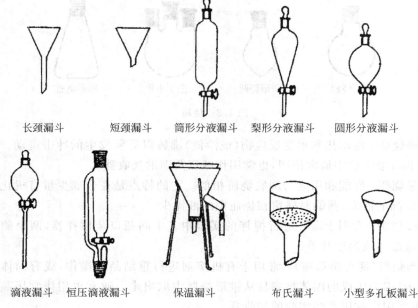

长颈漏斗　　短颈漏斗　　筒形分液漏斗　　梨形分液漏斗　　圆形分液漏斗

滴液漏斗　恒压滴液漏斗　　保温漏斗　　布氏漏斗　　小型多孔板漏斗

图 1.4　漏斗

4) 其他仪器

这些仪器多数用于各种仪器连接(图 1.5)。

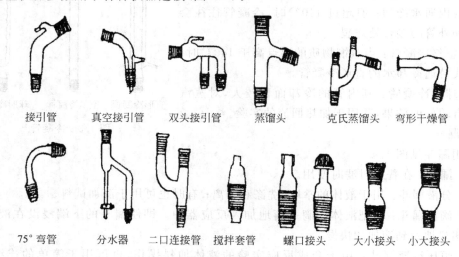

接引管　　真空接引管　　双头接引管　　蒸馏头　　克氏蒸馏头　　弯形干燥管

75°弯管　　分水器　　二口连接管　搅拌套管　螺口接头　大小接头　小大接头

图 1.5　常用的配件

标准磨口仪器的磨口,采用国际通用的 1/10 锥度(即磨口每长 10 个单位,小端直径比大端直径缩小一个单位),由于磨口的标准化、通用化,凡属相同号码的接口可以任意互换,可按需要组装各类实验装置。不同编号的内外磨口则不能直接相连,但可借助于不同编号的磨口接头而相互连接。

常用标准磨口有 10、14、19、24、29、34 等多种。如"14"即表示磨口大端直径为 14mm。

使用磨口仪器应注意以下几点。

（1）磨口必须保持洁净，不能有灰尘和砂粒。磨口不能用去污粉擦洗，以免影响其精密度。

（2）一般使用时，磨口不必涂润滑脂，以防磨口连接处因碱性腐蚀而粘连，造成拆卸困难。

（3）安装实验装置时，要求紧密、整齐、端正、美观。

（4）实验完毕，立即拆卸、洗净、晾干并分开存放。由于磨口仪器价格较贵，在使用和保管上更要小心仔细。

3. 配套用品

配套用品见图 1.6。

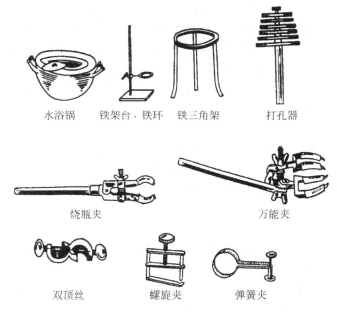

　　水浴锅　　铁架台、铁环　　铁三角架　　打孔器

　　烧瓶夹　　　　　　　　　万能夹

　双顶丝　　螺旋夹　　弹簧夹

图 1.6　配套用品

1.1.2　玻璃仪器的洗涤和干燥

在实验室中，洗涤玻璃仪器不仅是一项实验前必须做的准备工作，也是一项技术性的工作。仪器洗涤是否符合要求，对实验结果有很大影响。

1. 洁净剂及使用范围

最常用的洁净剂是肥皂、肥皂液（特制商品）、洗衣粉、去污粉、洗液、有机溶剂等。

肥皂、肥皂液、洗衣粉、去污粉，用于可以用刷子直接刷洗的仪器，如烧杯、三角瓶、试剂瓶等；洗液多用于不使用刷子洗刷的仪器，如滴定管、移液管、容量瓶、蒸馏器等特殊形状的仪器，也用于洗涤长久不用的杯皿器具和刷子刷不下的结垢。用洗液洗涤仪器，是利用洗液本身与污物的化学反应，将污物去除。因此需要浸泡一定的时间使其充分作用；有机溶剂对油腻污物有溶解作用,可有效将其洗除;此外,某些有机溶剂能与水混合而又挥发快,可用于冲洗带水的仪器将水洗去。例如,甲苯、二甲苯、汽油等可以洗油垢,酒精、乙醚及丙酮可以冲洗刚洗净而带水的仪器。

2. 洗涤液的制备及使用注意事项

洗涤液简称洗液,根据不同的要求有各种不同的洗液,现将较常用的几种介绍如下。

1) 强酸氧化剂洗液

强酸氧化剂洗液是用重铬酸钾($K_2Cr_2O_7$)和浓硫酸(H_2SO_4)配成。$K_2Cr_2O_7$在酸性溶液中,有很强的氧化能力,对玻璃仪器又极少有侵蚀作用。所以这种洗液在实验室内使用最广泛。

酸性洗液 $K_2Cr_2O_7$ 的质量分数为 5%～12%。配制方法为:取一定量的工业用 $K_2Cr_2O_7$,先用 1～2 倍的水加热溶解,稍冷后,将所需体积的工业用浓 H_2SO_4 徐徐加入 $K_2Cr_2O_7$ 溶液中(切勿将水或溶液加入 H_2SO_4 中),边加边用玻璃棒搅拌,并注意不要溅出,混合均匀,待冷却后,装入洗液瓶备用。新配制的洗液为红褐色,氧化能力很强。洗液可多次使用,当洗液用久后变为黑绿色,即说明洗液已无氧化洗涤能力。

例如,配制 12% 的洗液 500mL。取 60g 工业用 $K_2Cr_2O_7$ 置于 100mL 水中(加水量不是固定不变的,以能溶解为度),加热溶解,冷却,徐徐加入浓 H_2SO_4 340mL,边加边搅拌,冷后装瓶备用。

这种洗液在使用时要切实注意不能溅到身上,以防"烧"破衣服和损害身体。洗液倒入要洗的容器中,将仪器周壁全浸洗后稍停一会再倒回洗液瓶。第一次用少量水冲洗刚浸洗过的仪器后,废液应倒入废液缸中,不要倒入水池或下水道,以免腐蚀水池和下水道以及污染环境。

2) 碱性洗液

碱性洗液用于洗涤带有油污物的仪器,此洗液是采用长时间(24h 以上)浸泡法,或者浸煮法进行洗涤的。从碱洗液中捞取仪器时,要戴乳胶手套,以免烧伤皮肤。

常用的碱洗液有:碳酸钠(Na_2CO_3,即纯碱)液,碳酸氢钠(Na_2HCO_3,小苏打)液,磷酸钠(Na_3PO_4)液,磷酸氢二钠(Na_2HPO_4)液等。

3) 碱性高锰酸钾洗液

用碱性高锰酸钾作洗液,作用缓慢,适合用于洗涤有油污的器皿。配法:取高锰酸钾($KMnO_4$)4g 加少量水溶解后,再加入 10%氢氧化钠($NaOH$)100mL。

4) 纯酸纯碱洗液

根据器皿污垢的性质,直接用浓盐酸(HCl)或浓硫酸(H_2SO_4)、浓硝酸(HNO_3)浸泡或浸煮器皿(温度不宜太高,否则浓酸挥发刺激人)。纯碱洗液多采用 10%以上的浓烧碱($NaOH$)、氢氧化钾(KOH)或 Na_2CO_3 液浸泡或浸煮器皿(可以煮沸)。

5) 有机溶剂

带有脂肪性污物的器皿,可以用汽油、甲苯、二甲苯、丙酮、酒精、三氯甲烷、乙醚等有机溶剂擦洗或浸泡。但用有机溶剂作为洗液浪费较大,能用刷子洗刷的大件仪器尽量采用碱性洗液。只有无法使用刷子的小件或特殊形状的仪器才使用有机溶剂洗涤,如活塞内孔、移液管尖头、滴定管尖头、滴定管活塞孔、滴管、小瓶等。

6）洗消液

盛放过致癌性化学物质的器皿，为了防止对人体的侵害，在洗刷之前应使用对这些致癌性物质有破坏分解作用的洗消液进行浸泡，然后再进行洗涤。

经常使用的洗消液有：1％或 5％次氯酸钠（NaOCl）溶液、20％HNO$_3$ 和 2％KMnO$_4$ 溶液。

1％或 5％NaOCl 溶液对黄曲霉素有破坏作用。用 1％NaOCl 溶液对污染的玻璃仪器浸泡半天或用 5％NaOCl 溶液浸泡片刻后，即可达到破坏黄曲霉素的效果。配法：取漂白粉 100g，加水 500mL，搅拌均匀，另将工业用 Na$_2$CO$_3$ 80g 溶于温水 500mL 中，再将两液混合，搅拌，澄清后过滤，此滤液含 NaOCl 为 2.5％；若用漂粉精配制，则 Na$_2$CO$_3$ 的质量应加倍，所得溶液浓度约为 5％。如需要 1％ NaOCl 溶液，可将上述溶液按比例进行稀释。

20％ HNO$_3$ 溶液和 2％ KMnO$_4$ 溶液对苯并芘有破坏作用，被苯并芘污染的玻璃仪器可用 20％ HNO$_3$ 浸泡 24h，取出后用自来水冲去残存酸液，再进行洗涤。被苯并芘污染的乳胶手套及微量注射器等可用 2％ KMnO$_4$ 溶液浸泡 2h 后，再进行洗涤。

3. 洗涤玻璃仪器的步骤与要求

1）常法洗涤仪器

洗刷仪器时，应首先将手用肥皂洗净，免得手上的油污附在仪器上，增加洗刷的困难。如仪器长久存放附有灰尘，先用清水冲去，再按要求选用洁净剂洗刷或洗涤。如用去污粉，将刷子蘸上少量去污粉，将仪器内外全刷一遍，再边用水冲边刷洗至肉眼看不见有去污粉时，用自来水洗 3～6 次，再用蒸馏水冲三次以上。一个洗干净的玻璃仪器，应该以挂不住水珠为度。如仍能挂住水珠，则需要重新洗涤。用蒸馏水冲洗时，要用顺壁冲洗方法并充分振荡，经蒸馏水冲洗后的仪器，用指示剂检查应为中性。

2）作痕量金属分析的玻璃仪器，应使用 1∶1～1∶9 HNO$_3$ 溶液浸泡，然后进行常法洗涤。

3）进行荧光分析时，玻璃仪器应避免使用洗衣粉洗涤（因洗衣粉中含有荧光增白剂，会给分析结果带来误差）。

4）分析致癌物质时，应选用适当洗消液浸泡，然后再按常法洗涤。

4. 玻璃仪器的干燥

做实验经常要用到的仪器，应在每次实验完毕后洗净干燥备用。不同实验对仪器干燥有不同的要求，一般定量分析用的烧杯、锥形瓶等仪器洗净即可使用，而用于其他实验的仪器多要求进行干燥。常用干燥方法可分为以下几种。

1）晾干

不急用的仪器，可在蒸馏水冲洗后在无尘处倒置控去水分，然后自然干燥。可用安有木钉的架子或带有透气孔的玻璃柜放置仪器。

2）烘干

洗净的仪器控去水分，可放在烘箱内烘干，烘箱温度为 105～110℃，烘干时间为 1h 左右；也可放在红外灯干燥箱中烘干。此法适用于一般仪器。称量瓶等在烘干后要放在干燥器中冷却和保存。带实心玻璃塞的及厚壁仪器烘干时要注意缓慢升温并且温度不可过高，以免破裂。量器不可放于烘箱中烘干。此外还可以采用玻璃仪器气流烘干器，具有快速、节能、烘干后无水渍、操作方便等优点。

硬质试管可用酒精灯加热烘干，要从底部烤起，管口向下，以免水珠倒流把试管炸裂，烘到无水珠后把试管口向上赶净水汽。

3）热（冷）风吹干

对于急于干燥的仪器或不适于放入烘箱的较大的仪器可用吹干的办法。通常用少量乙醇、丙酮（或最后再用乙醚）倒入已控去水分的仪器中摇洗，然后用电吹风机吹，开始用冷风吹 1～2min，当大部分溶剂挥发后吹入热风至完全干燥，再用冷风吹去残余蒸汽，避免其又冷凝在容器内。

1.2　熔点的测定和温度计的校正

1.2.1　实验目的

1. 了解熔点测定的意义；
2. 掌握熔点测定的操作方法；
3. 了解利用对纯粹有机化合物的熔点测定校正温度计的方法。

1.2.2　实验原理

固液两相蒸气压一致，固液两相平衡共存，这时的温度 T_M 即为该物质的熔点。纯粹的固体有机化合物一般都有固定的熔点，即在一定的压力下，固液两态之间的变化是非常敏锐的，自初熔至全熔（熔点范围称为熔程），温度不超过 0.5～1℃。如果该物质含有杂质，则其熔点往往较纯粹者为低，且熔程较长。故测定熔点对于鉴定纯粹有机物和定性判断固体化合物的纯度具有很大的价值。物质蒸气压随温度变化曲线见图 1.7。

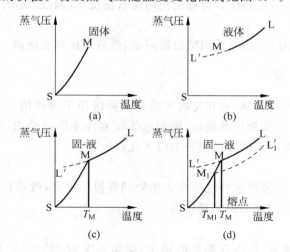

图 1.7　物质蒸气压随温度变化曲线

（a）、（b）、（c）物质的温度与蒸气压曲线图；（d）杂质的影响

化合物温度不到熔点时以固相存在，加热使温度上升，达到熔点，开始有少量液体出现，而后固液相平衡。继续加热，温度不再变化，此时加热所提供的热量使固相不断转变为液

相,两相间仍为平衡,最后的固体熔化后,继续加热则温度线性上升。因此在接近熔点时,加热速度一定要慢,每分钟温度升高不能超过 2℃,只有这样,才能使整个熔化过程尽可能接近于两相平衡条件,测得的熔点也越精确。物相随时间和温度的变化如图 1.8 所示。

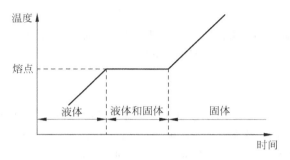

图 1.8　物相随时间和温度的变化

　　用毛细管法测定熔点时,温度计上的熔点读数与真实熔点之间常有一定的偏差,原因是多方面的,其中温度计的影响是一个重要因素。温度计中的毛细管孔径不均匀、刻度不精确都会对测量结果造成影响。温度计刻度有全浸式和半浸式两种。全浸式温度计的刻度是在温度计的汞线全部均匀受热的情况下刻出来的,在使用这类温度计测定熔点时仅有部分汞线受热,因而露出来的温度当然较全部受热者为低。另外长期使用的温度计,玻璃也可能发生体积变形使刻度不准。

　　为了消除上述误差,可选择几种已知熔点的纯粹有机化合物作为标准,以实测的熔点作纵坐标,测得的熔点与应有熔点的差值作横坐标,绘成曲线,从图中曲线上可直接读出温度计的校正值。

1.2.3　仪器与试剂

　　仪器:b 形管、毛细管、酒精灯、铁架台、玻璃棒、表面皿、温度计、缺口软木塞
　　试剂:浓硫酸(H_2SO_4)、未知样(固体)、尿素、肉桂酸、水杨酸等

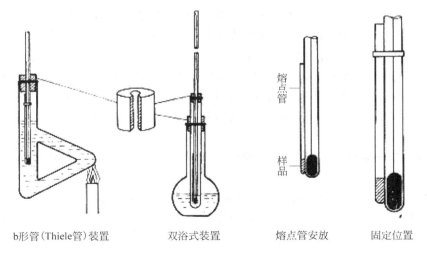

b形管(Thiele管)装置　　　　双浴式装置　　　　熔点管安放　　　　固定位置

图 1.9　熔点测定装置

1.2.4 实验步骤

1. 毛细管封口

将毛细管以向上倾斜 45°角伸入酒精灯火焰中,边烧边不停转动,以使毛细管顶端受热均匀,直到顶端熔化为一光亮小球,说明已经封好。

2. 填装样品

取 0.1～0.2g 样品,置于干净的表面皿中,用玻璃棒研成粉末,聚成小堆,将毛细管开口一端插入粉末堆中,样品便被挤入管中,再将玻璃管开口一端向上,放入一根长约 40cm 的玻璃管中垂直落下,使粉末落入管底,重复操作,使样品填装密实,并直至样品高 2～3mm 为止。

3. 安装仪器

b 形管又叫 Thiele 管、熔点管。将 b 形管夹在铁架台上,往其中装入浓硫酸或其他合适的热浴液至高出其上侧管 1cm 为宜。管口配一缺口单孔软木塞。把毛细管中下部用浓硫酸润湿后,将其紧附在温度计旁,样品部分应靠在温度计水银球的中部。或用橡皮圈将毛细管紧固在温度计上。要注意使橡皮圈置于距浓硫酸 1cm 以上的位置。将粘附有毛细管的温度计小心地插入 b 形管中,插入的深度以水银球恰在 b 形管两侧管的中部为准。加热时火焰须与 b 形管的倾斜部分接触。

凡是熔点在 300℃以下的样品,均可利用浓硫酸作为热浴液。如是长期没有用过的硫酸,应先逐渐加热去掉些许水分。

4. 测定熔点

初始加热时,可按 3～4℃/min 的速度升高温度。当温度升高至与待测样品的熔点相差 10～15℃时,减弱加热火焰,使温度缓慢而均匀地以 1℃/min 的速度上升。注意观察毛细管中样品的变化。近熔点时,毛细管中样品开始出现塌落现象,当有湿润现象或出现有小滴液体时,为初熔点,当样品全部熔化时为全熔点,记下温度。由初熔到全熔的温度范围即为此样品的熔化温度范围,又称熔程。熔点测定,至少要有两次平行的数据。每一次测定必须用新的毛细管另装样品,不得将已测过熔点的毛细管冷却,使其中样品固化后再作第二次测定。因为有时某些化合物部分分解,有些经加热,会转变为具有不同熔点的其他结晶形式。注意,再次测定时,须等浴液冷却至低于此样品熔点的 20～30℃时,才能开始。

测定未知物的熔点时,应先对样品粗测一次,加热可以稍快,找出大概熔程后,再认真测两次。

混合样品的熔点测定至少要测定三种比例,即 1∶9、1∶1 和 9∶1。

实验完毕,要等温度计自然冷却至接近室温后,用废纸擦去硫酸以后才能用水冲洗。浓硫酸要冷至室温时,方可倒回原试剂瓶。

5. 温度计校正

测熔点时,温度计上的熔点读数与真实熔点之间常有一定的偏差。为了校正温度计,可选用纯有机化合物的熔点作为标准或选用一标准温度计校正。常用标准样品见表 1-1。

表 1-1　常用标准样品

样品名称	熔点/℃	样品名称	熔点/℃
水-冰	0	尿素	132.7
α-萘胺	50	二苯基羟基乙酸	151
二苯胺	54~55	水杨酸	159
对二氯苯	53.1	对苯二酚	173~174
苯甲酸苄酯	71	3,5-二硝基苯甲酸	205
萘	80.55	蒽	216.2~216.4
间二硝基苯	90.02	酚酞	262~263
二苯乙二酮	95~96	蒽醌	286(升华)
乙酰苯胺	114.3	肉桂酸	133
苯甲酸	122.4		

选择数种已知熔点的纯化合物为标准,测定它们的熔点,以观察到的熔点作纵坐标,测得熔点与已知熔点差值作横坐标,画成曲线,即可从曲线上读出任一温度的校正值。

6. 测试内容

(1) 测定尿素的熔点(132.7℃)。

(2) 测定肉桂酸的熔点(133℃)。

(3) 测定 50% 尿素和 50% 肉桂酸混合样品的熔点。

(4) 由教师提供未知物 1~2 种,测定熔点并鉴定之。

1.2.5　注意事项

(1) 熔点管必须洁净,如含有灰尘等,会产生 4~10℃的误差。

(2) 熔点管底未封好会产生漏管。

(3) 样品粉碎要细,填装要实,否则产生空隙,不易传热,造成熔程变大。

(4) 样品不干燥或含有杂质,会使熔点偏低,熔程变大。

(5) 样品量太少不便观察,而且熔点偏低;太多会造成熔程变大,熔点偏高。

(6) 升温速度应慢,让热传导有充分的时间。升温速度过快,熔点偏高。

(7) 熔点管壁太厚,热传导时间长,会产生熔点偏高。

1.2.6　思考题

1. 测熔点时,若有下列情况将产生什么结果?

(1) 熔点管壁太厚。

（2）熔点管底部未完全封闭，尚有一针孔。

（3）熔点管不洁净。

（4）样品未完全干燥或含有杂质。

（5）样品研得不细或装得不紧密。

（6）加热太快。

2．是否可以使用第一次测过熔点时已经熔化的有机化合物再作第二次测定呢？为什么？

3．测得 A、B 两种样品的熔点相同，将它们研细，并以等量混合，①测得混合物的熔点有下降现象且熔程增宽；②测得混合物的熔点与纯 A、纯 B 的熔点均相同。试分析以上情况各说明什么。

1.3 蒸馏及沸点的测定

1.3.1 实验目的

1．了解测定沸点的原理与意义；

2．学习并掌握蒸馏操作；

3．学习并掌握常量法（即蒸馏法）测定沸点的方法。

1.3.2 实验原理

1．概念与常用术语

（1）沸点（boiling point）

液态物质的蒸气压与其所处体系的压力相等时的温度。物质处于沸点时，液态物质沸腾，液态与气态平衡。

纯净的液态化合物在一定的压力下均有固定的沸点，不同化合物有不同的沸点，沸程范围反映液态物质的纯度。

（2）蒸馏（distillation）

将液态物质加热到沸腾变为蒸气，再将蒸气冷凝为液体的过程。

（3）沸程：始馏温度～终馏温度。

（4）馏分：不同温度范围的馏出液。

（5）前馏分：某一馏分之前的馏出液。

（6）残留物：最后没有蒸馏出来的物质。

2．蒸馏的用途

（1）液体物质的分离与纯化，用于沸点相差较大（＞30℃）的液体混合物分离。

（2）测定化合物的沸点。

（3）回收溶剂或浓缩溶液。

3. 蒸馏方法

（1）常压蒸馏：适于沸点较低且比较稳定的液体化合物。

（2）减压蒸馏：适于沸点较高或较不稳定的液体化合物。

（3）分馏：适于沸点较为接近的液体化合物。

（4）水蒸气蒸馏：适于沸点较高（但有一定蒸气压）、容易分解且不溶于水的化合物。

1.3.3　仪器与试剂

仪器：蒸馏烧瓶、直形冷凝管、接引管、酒精灯（或加热套等）、石棉网、温度计

试剂：无水乙醇

1.3.4　实验步骤

1. 蒸馏装置的安装

蒸馏实验装置主要包括蒸馏烧瓶，冷凝管，接引管三部分（图 1.10）。仪器按从下往上，从左到右原则安置完毕，注意各磨口之间的连接。装、拆各练习三次。

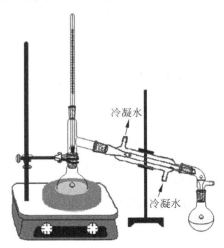

冷凝水

冷凝水

图 1.10　常压蒸馏装置

2. 接好冷却水的进出水管

注意检查进出水管、冷凝管是否完好。

3. 蒸馏操作

1）加料

根据被蒸液体量选 60mL 蒸馏瓶，放入 30mL 无水乙醇。加料时用玻璃漏斗将无水乙醇小心倒入。温度计经套管插入蒸馏头中，并使温度计的水银球正好与蒸馏头支口的下端一致。

2）通冷却水

向蒸馏瓶中放入 1～2 粒沸石,然后通冷凝水。

3）加热

开始加热并注意观察蒸馏瓶中的现象和温度计读数的变化。当瓶内液体开始沸腾时,蒸气前沿蒸馏瓶壁逐渐上升,待达到温度计水银球时,温度计读数急剧上升,这时应适当调小温升速率,以控制馏出的液滴以每秒钟 1～2 滴为宜。

4）接收馏出液,前馏分与主馏分要用不同的瓶子接收

在蒸馏过程中,应使温度计水银球处于被冷凝液滴包裹状态,此时温度计的读数就是馏出液的沸点。当温度计读数上升至 77℃时,换一个已称量并干燥过的锥形瓶作接收器。收集 77～79℃的馏分。当瓶内只剩下少量(0.5～1mL)液体时,若维持原来的加热速度,温度计读数会突然下降,即可停止蒸馏,即使杂质很少,也不应将瓶内液体完全蒸干,以免发生意外。称量所收集馏分的质量或测量其体积,并计算回收率。

4. 沸程记录

乙醇	沸程	始馏温度(第一滴液体流出时)	
		终馏温度(最后一滴液体流出时)	
	沸点	蒸馏速度稳定在 1～2 滴/s 时的温度	

5. 结束蒸馏

切断电源,停止加热;移去接收瓶,并放好;关掉冷凝水;冷却后拆卸仪器,拆卸仪器顺序与装配时相反。

1.3.5　注意事项

（1）一定要按照操作规程和应急处理办法操作。
（2）易燃液体的蒸馏要杜绝明火。
（3）有毒液体的蒸馏要注意通风或将出气口导向室外。
（4）一定不能蒸干。

1.3.6　思考题

1. 沸石(即止暴剂或助沸剂)为什么能止暴? 如果加热后才发现没加沸石怎么办?
2. 冷凝管通水方向是由下而上,反过来行吗? 为什么?
3. 在蒸馏装置中,温度计水银球的位置不符合要求会带来什么结果?

1.4　重结晶及过滤

1.4.1　实验目的

1. 理解重结晶法提纯固体有机物的原理和意义;

　　2. 掌握重结晶及过滤的操作方法。

1.4.2　实验原理

　　重结晶是纯化固体化合物的重要方法之一。其原理是利用被提纯物质与杂质在某溶剂中溶解度的不同进行分离纯化。其主要步骤为：①将不纯固体样品溶于适当溶剂制成热的近饱和溶液；②如溶液含有有色杂质，可加活性炭煮沸脱色，将此溶液趁热过滤，以除去不溶性杂质；③将滤液冷却，使溶质结晶析出；④抽气过滤，使晶体与母液分离。洗涤、干燥后测熔点，如纯度不合要求，可重复上述操作。

　　必须注意，杂质含量过多对重结晶极为不利，影响结晶速率，有时其至妨碍结晶的生成。重结晶一般只适用于杂质含量约在 5% 以下的固体化合物，所以在重结晶之前应根据不同情况，分别采用其他方法（如水蒸气蒸馏、萃取等）进行初步提纯，然后再进行重结晶处理。

　　重结晶的关键是选择合适的溶剂，理想溶剂应具备以下条件：

　　(1) 不与被提纯物质起化学反应；

　　(2) 被提纯物质在温度高时溶解度大，而在室温或更低温度时溶解度小；

　　(3) 杂质在热溶剂中不溶或难溶，或在冷溶剂中易溶；

　　(4) 容易挥发，易与结晶分离；

　　(5) 被提纯物能得到较好的晶体。

　　除上述条件外，回收率高、操作简单、毒性小、易燃程度低、价格便宜的溶剂更佳。常用溶剂有水、乙醇、丙酮、苯等。

1.4.3　仪器与试剂

　　仪器：铁架台、酒精灯、布氏漏斗、吸滤瓶、热过滤器、烧杯，短颈漏斗、玻璃棒、滤纸、天平

　　试剂：粗制乙酰苯胺、活性炭、蒸馏水

　　重结晶及过滤过程示意图如图 1.11～图 1.13 所示。

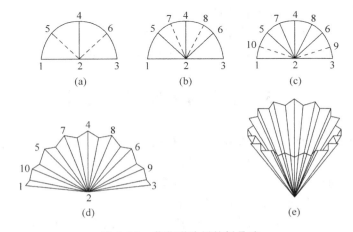

图 1.11　菊花形滤纸的折叠法

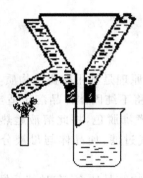

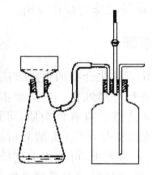

图 1.12　热过滤装置　　　　　图 1.13　抽气过滤装置

1.4.4　实验步骤

1. 称 1g 粗乙酰苯胺于 100mL 烧杯中,加入 40mL 蒸馏水,加热至沸使其溶解,稍冷,加少量活性炭,继续加热煮沸 5min。
2. 趁热进行热过滤,冷却,析晶。
3. 完全析晶后,抽滤,洗涤 2～3 次,抽滤至干。
4. 晾干,称量质量并计算产率。

1.4.5　注意事项

(1) 加热过程中应注意补充水分,且采用回流装置为好。
(2) 应使活性炭脱色完全。
(3) 注意热过滤的有关问题。
(4) 静置析晶,使晶体析出完全。

1.4.6　思考题

1. 简述重结晶的主要步骤及各步的目的。
2. 活性炭为什么要在固体物质完全溶解后加入? 为什么不能在溶液沸腾时加入?
3. 为什么要采取趁热过滤? 采用抽气过滤注意哪些问题?

1.5　干燥与干燥剂的使用

　　除去固体、液体或气体内少量水分或少量有机溶剂的方法称为干燥。有机实验中几乎所做的每一步反应都会遇到试剂、溶剂和产品的干燥问题,所以干燥是实验室中最普通但最重要的一项操作。如果试剂和产品不进行干燥或干燥不完全,将直接影响有机反应、定性分析、定量分析、波谱鉴定和物理常数测定的结果。

　　干燥方法可分为物理方法与化学方法两种。物理方法有吸附(包括离子交换树脂法和分子筛吸附法)、共沸蒸馏、分馏、冷冻、加热和真空干燥等。化学方法按物质与水作用的方式又可分为两类:一类物质与水能可逆地结合生成水合物,如氯化钙、硫酸钠等;另一类物质与水会发生剧烈的化学反应,如金属钠、五氧化二磷等。下面按有机物的物理状态介绍各种干燥的方法和实验操作。

1. 固体的干燥

(1) 晾干。将待干燥的固体放在表面皿上或培养皿中(尽量平铺成一薄层),再用滤纸或培养皿覆盖上,以免灰尘沾污,然后在室温下放置直到干燥为止,这对于低沸点溶剂的除去是既经济又方便的方法。

(2) 红外灯干燥。固体中如含有不易挥发的溶剂时,为了加速干燥,常用红外灯干燥。干燥的温度应低于晶体的熔点,干燥时旁边可放一支温度计,以便控制温度。要随时翻动固体,防止结块。但对于常压下易升华或热稳定性差的结晶不能用红外灯干燥。红外灯可用可调变压器来调节温度,使用时温度不要调得过高,严防水滴溅在灯泡上而发生炸裂。

(3) 烘箱烘干。实验室内常用带有自动温度控制系统的电热鼓风干燥箱,其使用温度一般为 $50\sim300℃$,通常使用温度应控制在 $100\sim200℃$ 的范围内。烘箱用来干燥无腐蚀性、无挥发性、加热不分解的物品。切忌将挥发、易燃、易爆物放在烘箱内烘烤,以免发生危险。

(4) 干燥器干燥。普通干燥器一般适用于保存易潮解或升华的样品。但干燥效率不高,所费时间较长。干燥剂通常放在多孔瓷板下面,待干燥的样品用表面皿或培养皿装盛,置于瓷板上面,所用干燥剂由被除去溶剂的性质而定。

变色硅胶是使用较普遍的干燥剂,其制备方法是:将无色硅胶平铺在盘中,在大气中放置几天,任其吸收水分,以减少应力,如果部分干燥的硅胶有内应力,浸入溶液中即会发生炸裂,变成更小的颗粒状,当吸收的水分使它质量增了原质量的 1/5 时,浸入 20% 氯化钴的乙醇溶液中,15~30min 后取出晾干,再置于 $250\sim300℃$ 的烘箱中活化至恒重,即得变色硅胶。它干燥时为蓝色,吸水后变成红色,烘干后可再使用。

分子筛是一种硅铝酸盐晶体,在晶体内部有许多孔径均一的孔道。它可允许比孔径小的分子如水分子进入,大的分子则被排除在外,从而达到将大小不同的分子分离的目的。分子筛通常按微孔表观直径大小进行分类,如"5Å 分子筛",即表示它可吸附直径为 5Å 的分子,因此也能吸附直径为 3Å 的水分子。当加热至 350℃ 以上时,吸附后的分子筛又可以解吸活化,所以它能反复使用(市售的分子筛应放在马弗炉内加热至 $550℃\pm10℃$ 活化 2h,待温度降到 200℃ 左右取出,小心地存放在干燥器内备用)。

真空干燥器比普通干燥器干燥效率高,但这种干燥器不适用于易升华物质的干燥。用水泵抽气时,要接上安全瓶,以免在水压变化时使水倒吸入器内。放气取样时,要用滤纸片挡住入气口,防止冲散样品。对于空气敏感的物质,可通入氮气保护(图 1.14)。

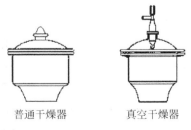

普通干燥器　　　真空干燥器

图 1.14　干燥器

干燥枪,又称真空恒温干燥器,干燥效率很高,可除去结晶水或结晶醇,常常用于元素定量分析样品的干燥。使用时将装有样品的小试管或小舟放入夹层内,曲颈瓶内放置五氧化二磷,并混杂一些玻璃棉。用水泵(或油泵)抽到一定真空度时,就可关闭活塞,停止抽气。如继续抽气,反而有可能使水汽扩散到枪内。另外要根据样品的性质,选用沸点低于样品熔点的溶剂加热夹层外套,并每隔一定时间再行抽气,使样品在减压或恒定的温度下进行干燥。

冷冻干燥,是使有机物的水溶液或混悬液在高真空的容器中,先冷冻成固体状态,然后利用冰的蒸气压力较高的性质,使水分从冰冻的体系中升华,有机物即成固体或粉末。对于受热时不稳定物质的干燥,该方法特别适用。

2. 液体的干燥

从水溶液中分离出的液体有机物,常含有许多水分,如不干燥脱水,直接蒸馏将会增加前馏分,产品也可能与水形成共沸混合物,此外,水分如不除去,还可能与有机物发生化学反应,影响产品纯度。所以,蒸馏前一般都要用干燥剂干燥,有些溶剂的干燥也可采用共沸干燥法。

1) 干燥剂去水

在选用干燥剂时首先应注意其适用范围(见表 1-2),即选用的干燥剂不能与待干燥的液体发生化学反应,或溶解其中,如无水氯化钙与醇、胺类易形成配合物,因而它不能用来干燥这两类化合物;其次要充分考虑干燥剂的干燥能力,即吸水容量、干燥效能和干燥速度。吸水容量是指单位质量干燥剂所吸收的水量,而干燥效能是指达到平衡时仍旧留在溶液中的水量。

表 1-2　常用干燥剂的性能与应用范围

干燥剂	吸水变化	吸水容量	干燥性能	干燥速度	应用范围
五氧化二磷	H_3PO_4	—	强	快	醚、烃、卤代烃、腈中痕量水分,不适用于醇、酸、胺、酮
金属钠	$NaOH + H_2$	—	强	快	醚、烃类中痕量水分,切成小块或压成钠丝使用
分子筛	物理吸附	~0.25	强	快	适于各类有机化合物的干燥
硫酸钙	$2CaSO_4 \cdot H_2O$	0.06	强	快	常与硫酸镁配合,作最后干燥
氯化钙	$CaCl_2 \cdot nH_2O$	0.97	中等	较快	不能用来干燥醇、酚、胺、酰胺、某些醛、酮及酸
氢氧化钾	溶于水		中等	快	弱碱性,用于胺及杂环等碱性化合物,不能干燥醇、醛、酮、酯、酸、酚等
碳酸钾	$K_2CO_3 \cdot \frac{1}{2}H_2O$	0.2	较弱	慢	弱碱性,用于醇、酮、酯、胺等碱性化合物,不适用酸、酚及其他酸性化合物
硫酸镁	$MgSO_4 \cdot nH_2O$	1.05	较弱	较快	中性,可代替氯化钙,也可用于酯、醛、酮、腈、酰胺等类化合物

对于形成水合物的干燥剂,常用吸水后结晶水的蒸气压表示干燥效能,蒸气压越小,干燥效能越强。例如,无水硫酸钠可形成 10 个结晶水的水合物,在 25℃时结晶水的蒸气压为 256Pa(1.92mmHg),吸水容量为 1.25。而无水氯化钙最多能形成 6 个结晶水的水合物,25℃时结晶水的蒸气压为 40Pa(0.30mmHg),吸水容量为 0.97。因此氯化钙的干燥效能比硫酸钠强,但吸水容量小。对于含水较多的溶液,为了使干燥的效果更好,常先用吸水容量大的干燥剂除去大部分水分,然后再用干燥效能强的干燥剂减少水分残留。

影响干燥效能的因素很多,如干燥时的温度、干燥剂用量和颗粒大小、干燥剂与待干燥液体接触的时间等。加热虽然可以加快干燥速度,但由于水蒸气压随之增大,使干燥效能减弱,而且生成的水合物在 30℃ 以上易失去水,所以液体的干燥通常在室温下进行,在蒸馏之前应将干燥剂滤去。

根据水在液体中的溶解度和干燥剂的吸水容量,虽然可以计算出干燥剂的理论用量,但实际用量远远超过理论用量。一般操作中很难确定具体的数量,多数是凭经验加入。通常以加入后液体由混浊变澄清,或每 10mL 液体中加入 0.5～1g 干燥剂,作为加入量的大致标准。显然加入干燥剂不能太多,否则将吸附液体,引起更大的损失。

应当注意,金属钠通常以钠片或钠丝的形式使用,并限于醚类(如乙醚)、烃类(如苯)的干燥。在干燥过程中,钠与水发生反应有氢气产生,为了使氢气逸出,防止潮气侵入,在容器上应装配氧化钙干燥管。

加入干燥剂前必须尽可能将待干燥液体中的水分分离干净,不应有任何可见的水层及悬浮的水珠,并置于锥形瓶中。加入颗粒大小合适的干燥剂,用塞子塞紧,不时旋摇,促使水合平衡的建立。干燥时间应根据液体量及含水情况而定,一般约需 0.5h 以上。如时间允许,最好放置过夜。然后将干燥的液体滤入蒸馏瓶中蒸馏。

干燥时如出现下列情况,要进行相应处理:容器下面出现水层,须将水层分出后再加入新的干燥剂;干燥剂互相黏结,附在器壁上,说明用量不够,应补加干燥剂;黏稠液体的干燥应先用溶剂稀释后再加干燥剂;未知物溶液的干燥,常用中性干燥剂干燥,如硫酸钠或硫酸镁。

2) 共沸干燥法

许多溶剂能与水形成共沸混合物,共沸点低于溶剂的本身,因此当共沸混合物蒸完,剩下的就是无水溶剂。显然,这些溶剂不需要加干燥剂干燥。如工业乙醇通过简单蒸馏只能得到 95.5% 的乙醇,即使用最好的分馏柱,也无法得到无水乙醇。为了将乙醇中的水分完全除去,可在乙醇中加入适量苯进行共沸蒸馏。先蒸出的是苯-水-乙醇共沸混合物(沸点为 65℃),然后是苯-乙醇混合物(沸点为 68℃),残余物继续蒸出即为无水乙醇。

共沸干燥法也可用来除去反应时生成的水。如羧酸与乙醇的酯化过程中,为了使酯的产率提高,可加入苯,使反应所生成的水以水-苯-乙醇三元共沸混合物的形式蒸馏出来。

3. 气体的干燥

有气体参加反应时,常常将气体发生器或钢瓶中气体通过干燥剂干燥。固体干燥剂一般装在干燥管、干燥塔或大的 U 形管内。液体干燥剂则装在各种形式的洗气瓶内。要根据被干燥气体的性质、用量、潮湿程度以及反应条件,选择不同的干燥剂和仪器。氧化钙、氢氧化钠等碱性干燥剂常用来干燥甲胺、氨气等碱性气体,氯化钙常用来干燥 HCl、烃类、H_2、O_2、N_2、CO_2、SO_2 等,浓硫酸常用来干燥 HCl、烃类、Cl_2、N_2、H_2、CO_2 等。

用无水氯化钙干燥气体时,切勿用细粉末,以免吸潮后结块堵塞。如用浓硫酸干燥,酸的用量要适当,并控制好通入气体的速度。为了防止发生倒吸,在洗气瓶与反应瓶之间应连接安全瓶。

用干燥塔进行干燥时,为了防止干燥剂在干燥过程中结块,那些不能保持其固有形态的干燥剂(如五氧化二磷)应与载体(如石棉绳、玻璃纤维、浮石等)混合使用。低沸点的气体可通过冷阱将其中的水或其他可凝性杂质冷冻而除去,从而获得干燥的气体,固体二氧化碳与甲醇组成的体系或液态空气都可用作为冷阱的冷冻液。

为了防止大气中的水汽侵入,有特殊干燥要求的开口反应装置可加干燥管,进行空气的干燥。

1.6 分 馏

1.6.1 实验目的

1. 了解分馏的原理与意义,分馏柱的种类和选用方法;
2. 学习实验室里常用分馏的操作方法。

1.6.2 实验原理

1. 分馏:用分馏柱将几种沸点相近的、互溶的混合物经多次蒸馏进行分离的方法。
2. 理想溶液:在这种溶液中,相同分子间的相互作用与不同分子间的相互作用是一样的,即各组分在混合时无热效应产生,体积没有改变,并遵守拉乌尔定律:二组分理想溶液中溶液中每一组分的蒸气压等于此纯物质的蒸气压和它在溶液中的摩尔分数的乘积。
3. 分馏实验原理:用分馏柱实现"多次重复"的蒸馏过程。
4. 公式推导:溶液的总蒸气压 $P = P_A + P_B$

$$x_A^g = \frac{P_A}{P_A + P_B} \quad x_B^g = \frac{P_B}{P_A + P_B}$$

组分 B 在气相和溶液中的相对浓度为: $\dfrac{x_B^g}{x_B^l} = \dfrac{P_B}{P_A + P_B} \cdot \dfrac{P_B^0}{P_B} = \dfrac{1}{x_B^l + \dfrac{P_A^0}{P_B^0} x_A^l}$

(1) 在溶液中,$x_A + x_B = 1$,$P_B^0 = P_A^0$ 故 $\dfrac{x_B^g}{x_B^l} = 1$ 气液相的组分相同,不能分离。

(2) 若 $P_B^0 > P_A^0$,$\dfrac{x_B^g}{x_B^l} > 1$,表明沸点较低的 B 在气相中的浓度较在液相中为大。

($P_B^0 < P_A^0$,同理)

5. 恒沸混合物(azeotropes)

在分馏过程中可能得到与单纯化合物相似的混合物,它也具有固定的沸点和固定的组成,其气相和液相的组成也完全相同,不能用分馏法进一步分离。

1.6.3 仪器与试剂

仪器:分馏柱、冷凝管、接液管、圆底烧瓶、温度计
试剂:乙醇

1.6.4 实验步骤

1. 在 100mL 的圆底烧瓶中放入约 70%乙醇水溶液 60mL,加 2～3 粒沸石,按图 1.15

安装好蒸馏装置。

2. 通冷凝水,水浴加热,控制加热速度,收集前馏分。

3. 当温度达到 78℃时,调换接收器,收集馏出液,馏出速度控制在 0.5～1 滴/s,记下温度。

4. 当温度持续下降时,即可停止加热。记录馏出液、前馏分和残余液的体积,并测定馏出液的质量分数。

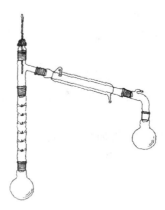

图 1.15　分馏装置

1.6.5　注意事项

(1) 馏出速度太快,产物纯度下降;馏出速度太慢,馏出温度易上下波动。为减少柱内热量散失,可用石棉绳将其包起来。

(2) 注意切不可蒸干。

(3) 使蒸气缓慢上升到柱顶。

1.6.6　思考题

1. 分馏和蒸馏在原理及装置上有哪些异同? 如果是两种沸点很接近的液体组成的混合物能否通过分馏来提纯呢?

2. 如果把分馏柱上端温度计水银柱的位置插下些,是否可行? 为什么?

1.7　水蒸气蒸馏

1.7.1　实验目的

1. 学习水蒸气蒸馏的原理及应用范围;

2. 了解并掌握水蒸气蒸馏的各种装置及其操作方法。

1.7.2　实验原理

水蒸气蒸馏(steam distillation)是将水蒸气通入不溶于水的有机物中或使有机物与

水经过共沸而蒸出的操作过程。它是用来分离和提纯液态或固态有机化合物的方法之一。

根据分压定律：当水与有机物混合共热时，其总蒸气压为各组分分压之和。即：$P = P_{H_2O} + P_A$，当总蒸气压(P)与大气压力相等时，则液体沸腾。混合物的沸点要比单个物质的正常沸点低，这意味着该有机物可在比其正常沸点低的温度下被蒸馏出来。在馏出物中，有机物与水的质量(W_A 和 W_{H_2O})之比，等于两者的分压(P_A、P_{H_2O})和两者各相对分子质量(M_A 和 M_{H_2O})的乘积之比。即 $W_A/W_{H_2O} = M_A P_A/(M_{H_2O} P_{H_2O})$。但实验时有相当一部分水蒸气来不及与被蒸馏组分接触便离开蒸馏瓶，所以，实验蒸馏出的水量往往超过计算值，故计算值仅为近似值。

水蒸气蒸馏的适用范围：①常压蒸馏易分解的高沸点有机物；②混合物中含有大量固体，用蒸馏、过滤、萃取等方法都不适用；③混合物中含有大量树脂状的物质或不挥发杂质，用蒸馏、萃取等方法难以分离。

由水蒸气蒸馏的概念可知，被提纯物质应具备的条件：①不溶于或难溶于水；②共沸时与水不反应；③100℃时必须有一定的蒸气压。

1.7.3 仪器与试剂

仪器：电热套、升降台、铁架台、水蒸气发生器、长颈圆底烧瓶、直形冷凝管、T形管、螺旋夹、尾接管、100mL 三角瓶、50mL 三角瓶、125mL 分液漏斗、250mL 烧杯、橡皮管

试剂：苯胺

1.7.4 实验步骤

1. 安装装置

常用的水蒸气蒸馏装置包括蒸馏、水蒸气发生器、冷凝和接收器4个部分。

图 1.16 为水蒸气蒸馏装置图，如图所示，A 是水蒸气发生器，通常盛水量以其容积的 2/3 为宜。如果太满，沸腾时水将冲至烧瓶。安全管 B 几乎插到发生器 A 的底部。当容器内气压太大时，水可沿着玻管上升，以调节内压。如果系统发生阻塞，水便会从管的上口喷出，此时应检查导管是否被阻塞。

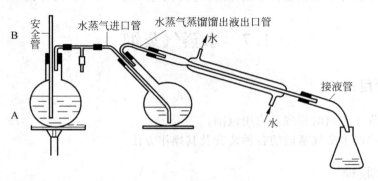

图 1.16 水蒸气蒸馏装置

水蒸气导出管与蒸馏部分导管之间由一 T 形管相连接。T 形管用来除去水蒸气中冷凝下来的水,在操作发生异常的情况下,可使水蒸气发生器与大气相通。蒸馏的液体量不能超过其容积的 1/3。水蒸气进口管应正对烧瓶底中央,距瓶底 8～10mm,水蒸气蒸馏馏出液出口管连接在一直形冷凝管上,见图 1.16。

2. 操作步骤

如图 1.16 所示,安装好仪器,然后加入苯胺,体积不超过蒸馏烧瓶容积的 1/3,导入蒸汽的玻管下端应垂直地正对瓶底中央,并伸到接近瓶底(安装时要倾斜一定的角度,通常为 45℃左右),通冷凝水,加热前先打开 T 形管螺旋夹,直到有蒸汽时才关上螺旋夹,使蒸气通入蒸馏烧瓶,必要时蒸馏烧瓶可小火加热促使其快速蒸馏,以免其水分大量增加。在蒸馏过程中,要经常检查安全管中的水位是否正常,如发现其突然升高,意味着产生堵塞现象,应立即打开止水夹,移去热源,使水蒸气发生器与大气相通,避免发生事故(如倒吸),待故障排除后再行蒸馏。如发现 T 形管支管处水积聚过多,超过支管部分,也应打开止水夹,将水放掉,否则将影响水蒸气通过。当馏出液澄清透明,不含有油珠状的有机物时,即可停止蒸馏,这时也应首先打开夹子,然后移去热源。最后,将馏出液进行分离,干燥,并称量质量。

1.7.5　注意事项

(1) 安装顺序要正确,连接处要严密,不能漏气。

(2) 水蒸气发生器上的安全管(平衡管)不宜太短,其下端应接近器底,盛水量通常为其容量的 1/2,最多不超过 2/3,最好在水蒸气发生器中加入沸石起助沸作用。

(3) 应尽量缩短水蒸气发生器与蒸馏烧瓶之间的距离,以减少水汽的冷凝。

(4) 调节火焰,将蒸馏速度控制在 2～3 滴/s。

(5) 时刻注意安全管,谨防压力过高发生事故。

(6) 停火前必须先打开螺旋夹,然后移去热源,以免发生倒吸现象。

1.7.6　思考题

1. 水蒸气蒸馏的装置由几个部分组成?

2. 进行水蒸气蒸馏时,水蒸气进口管的末端为什么要插入到接近于容器的底部?

3. 在水蒸气蒸馏过程中,经常要检查什么事项? 若安全管中水位上升很高说明什么问题? 如何处理才能解决?

1.8　减压蒸馏

1.8.1　实验目的

1. 了解减压蒸馏的原理和应用范围;

2. 认识减压蒸馏的主要仪器设备;

3. 掌握减压蒸馏仪器的安装和操作方法。

1.8.2 实验原理

已知液体的沸点是指它的蒸气压等于外界大气压时的温度,所以液体沸腾的温度是随外在压力的降低而降低的。因而用真空泵连接盛有液体的容器,使液体表面上的压力降低,即可降低液体的沸点。这种在较低压力下进行蒸馏的操作称为减压蒸馏,减压蒸馏时物质的沸点与压力有关。减压蒸馏适用于:①纯化高沸点液体(有机物在常压下的沸点高于150℃,一般采用减压蒸馏);②分离或纯化在常压沸点温度下易于分解、氧化或发生其他化学变化的液体;③分离在常压下因沸点相近而难于分离,但在减压下可有效分离的液体混合物;④分离纯化低熔点固体。

减压蒸馏装置由蒸馏、抽气(减压)、测压和保护(安全系统)4部分组成(图1.17)。毛细管主要是起到沸腾中心和搅拌作用,可以防止暴沸、保持沸腾平稳。

1.8.3 仪器与试剂

仪器:油浴锅、圆底烧瓶、毛细管、克氏(Claisen)蒸馏头、温度计、冷凝管、多尾接液管、减压装置、三个50mL圆底烧瓶

试剂:蒸馏水

1.8.4 实验步骤

1. 安装仪器,磨口玻璃涂上真空油。如图1.17所示,在三个50mL的小圆底烧瓶下方放置升降台。

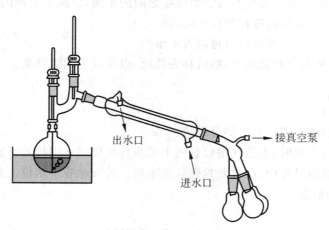

图1.17 减压蒸馏装置

2. 从克氏蒸馏头上方加入80~120mL蒸馏水。

3. 开启冷凝水。关闭安全瓶上的活塞,再调节毛细管上的螺旋夹,使液体中产生连续、平稳的小气泡。

4. 调节安全瓶上的活塞使压力达到指定读数后,开始加热,控制馏出速度为1~2滴/s。记录压力和温度,并填入下表。

编号	真空度（表压）/MPa	系统压力/MPa	实际温度/℃	文献温度/℃
1	0.08	0.0213		61.1
2	0.07	0.0313		71.9
3	0.06	0.0413		77.5
4	0.05	0.0513		82.0
5	0.04	0.0613		87.7
6	0.03	0.0713		91.6
7	0.02	0.0813		95.8

注：系统压力＝0.1013MPa－真空度（表压）

1.8.5 注意事项

（1）被蒸馏液体中若含有低沸点物质时，通常先进行普通蒸馏，再进行水泵减压蒸馏，而油泵减压蒸馏应在水泵减压蒸馏后进行。

（2）在系统充分抽空后通冷凝水，再加热蒸馏，一旦减压蒸馏开始，就应密切注意蒸馏情况，调整体系内压，记录压力和相应的沸点值，根据要求，收集不同馏分。

（3）旋开螺旋夹和打开安全瓶均不能太快，否则水银柱会很快上升，可能冲破测压计。

（4）必须待内外压力平衡后，方可关闭油泵，以免抽气泵中的油倒吸。最后按照与安装相反的程序拆除仪器。

1.8.6 思考题

1. 如何检查减压系统的气密性？
2. 油泵减压和水泵减压时，是否都需要吸收保护装置？为什么？
3. 开始减压蒸馏时，为什么要先抽气再加热？而结束时为什么要先移开热源，再停止抽气？

1.9 升   华

1.9.1 实验目的

1. 了解升华的原理、意义；
2. 学习实验室常用的升华方法。

1.9.2 实验原理

升华是固体物质不经过液态而直接气化，蒸气受到冷却又直接冷凝成固体的现象。利用升华可除去不挥发性杂质，或分离不同挥发度的固体混合物。只有固体物质在其熔点温度下具有相当高（高于 266.69Pa）的蒸气压力，才可用升华提纯。

1.9.3 仪器与试剂

仪器：常压升华装置，包括蒸发皿、刺有小孔的滤纸、玻璃漏斗

减压升华装置,包括吸滤管、冷凝指、水泵
试剂:樟脑

1.9.4 实验步骤

1. 常压升华

通用的常压升华装置如图 1.18 所示。安装装置时必须注意冷却面与升华物质的距离应尽可能缩短,因为升华发生在物质的表面,所以待升华物质应预先粉碎。

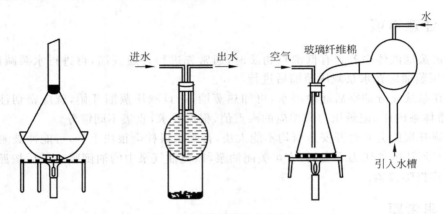

图 1.18 常见常压升华装置

在蒸发皿中放置樟脑,并在其上方倒盖大小合适的玻璃漏斗。漏斗的颈部塞有玻璃纤维棉或脱脂棉花团,以减少蒸气逸出,两者用一张刺有许多小孔的滤纸隔开,在石棉网上逐渐加热蒸发皿(最好能用空气浴、砂浴或其他热浴),小心调节火焰,控制浴温低于被升华物质的熔点,使其缓慢升华。蒸气通过滤纸小孔上升,冷却后凝结在滤纸上或漏斗壁上。必要时外壁可用湿布冷却。

2. 减压升华

固体物质放在吸滤管中,然后将装有冷凝指的橡皮塞紧密塞住管口,利用水泵减压,接通冷凝水流,将吸滤管浸在水浴或油浴中加热,使之升华。图 1.19 是常用的减压升华装置,被升华的物质经加热升华后凝结在冷凝指外壁上。升华结束后应缓慢使体系接通大气,以免空气突然冲入而将冷凝指上的晶体吹落,在取出冷凝指时也要小心轻拿。

1.9.5 注意事项

(1) 升华温度一定要控制在固体化合物熔点以下。

(2) 被升华的固体化合物一定要干燥,如有溶剂将会影响升华后固体的凝结。

(3) 滤纸上的孔应尽量大一些,以便蒸气上升时顺利通过滤纸。在滤纸的上面和漏斗中结晶,否则将会影响晶体的析出。

(4) 减压升华时,停止抽滤时一定要先打开安全瓶上的放空阀,再关泵。否则循环泵内的水会倒吸进入吸滤管中,造成实验失败。

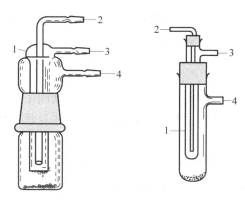

图 1.19　减压升华装置
1—冷凝指；2—进水；3—出水；4—接减压泵

1.9.6　思考题

1. 升华操作时，为什么要缓慢加热？
2. 什么样的物质可以用升华法提纯？

1.10　萃取和洗涤

1.10.1　实验目的

1. 学习萃取法的基本原理和方法；
2. 学习分液漏斗的使用方法。

1.10.2　实验原理

萃取和洗涤是利用物质在不同溶剂中的溶解度不同来进行分离的操作。萃取和洗涤在原理上是一样的，只是目的不同。从混合物中抽取的物质，如果是我们需要的，这种操作叫做萃取或提取；如果是我们不要的，这种操作叫做洗涤。萃取是利用物质在两种不互溶（或微溶）溶剂中溶解度或分配比的不同来达到分离、提取或纯化目的的一种操作。

1.10.3　仪器与试剂

仪器：分液漏斗、试管

试剂：0.01% I_2-CCl_4 溶液、1% KI-H_2O 溶液

1.10.4　实验步骤

1. 分液漏斗的使用

（1）选择容积较液体体积大 1 倍以上的分液漏斗，把活塞擦干，在活塞上均匀涂上一层

润滑脂,使润滑脂均匀分布,看上去透明且转动灵活并孔道通畅即可。

(2) 检查分液漏斗的顶塞与活塞处是否渗漏(用水检验),确认不漏水时方可使用。

(3) 将被萃取液和萃取剂依次从上口倒入漏斗中,塞紧顶塞(顶塞不能涂润滑脂),并注意通气孔的位置。

(4) 取下分液漏斗,并前后振荡,然后再将漏斗放回铁圈中静置。

(5) 待两层液体完全分开后,打开顶塞,再将下层液体自活塞放出至接收瓶。

(6) 将所有的萃取液合并,加入过量的干燥剂干燥。

(7) 蒸去溶剂,根据化合物的性质利用蒸馏、重结晶等方法纯化。

2. 萃取实验(用 KI-H$_2$O 溶液从 I$_2$-CCl$_4$ 溶液中萃取 I$_2$)

萃取过程示意图见图 1.20。

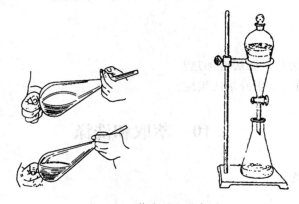

图 1.20　萃取过程示意图

1) 一次萃取

(1) 准确量取 10mL 0.01％的 I$_2$-CCl$_4$ 溶液,放入分液漏斗中,再加入 40mL 1％KI-H$_2$O 溶液进行萃取操作,分去 KI-H$_2$O 溶液层,取 I$_2$-CCl$_4$ 层 3mL 于编号为 1 的试管中备用。

(2) 准确量取 10mL 0.01％的 I$_2$-CCl$_4$ 溶液,放入分液漏斗中,再加入 20mL 1％KI-H$_2$O 溶液进行萃取操作,分去 KI-H$_2$O 溶液层,取 I$_2$-CCl$_4$ 层 3mL 于编号为 2 的试管中备用。

2) 多次萃取

(1) 取 10mL 0.01％的 I$_2$-CCl$_4$ 溶液分别每次用 20mL 1％KI-H$_2$O 溶液进行二次萃取操作,分离后,取经二次萃取后的 I$_2$-CCl$_4$ 层 3mL 于编号为 3 的试管中备用。

(2) 将盛有 3mL 0.01％的 I$_2$-CCl$_4$ 溶液的试管(编号为 4)分别与编号为 1、2、3 的试管的颜色进行比较,写出结果。

(3) 通过比较总结所用萃取剂量、萃取次数与萃取效应的关系。

1.10.5　注意事项

(1) 分液漏斗的使用方法正确(包括振摇、"放气"、静置、分液等操作)。

(2) 准确判断萃取液与被萃取液的上下层关系。

（3）CCl$_4$ 蒸气对人体有伤害，请注意安全。

1.10.6　思考题

1. 萃取时两组分的分离利用了什么性质？在萃取过程中各组分发生的变化是什么？

2. 若用萃取有机溶剂萃取水溶液中的物质，而又不能确定分液漏斗中哪一层是有机层，你将如何迅速作出决定？

3. 使用分液漏斗有哪些注意事项？

1.11　有机物结构确认和表征

1.11.1　折射率的测定

折光率是液体有机化合物重要的特性常数之一，可作为鉴定有机化合物纯度的标准之一。

1. 实验原理

（1）光线通过两种不同介质的界面时会发生折射，折射率可用 Snell 定律表示；

（2）折光率的影响因素有压强、温度及波长等。

2. 实验器材

阿贝折光仪，其结构如图 1.21 所示。

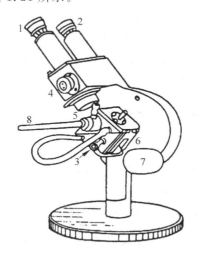

图 1.21　阿贝折光仪

1—目镜；2—放大镜；3—恒温水接头；4—消色补偿器；5,6—棱镜；7—反射镜；8—温度计

3. 实验步骤

（1）将折光仪打开直角棱镜，用擦镜纸蘸少量乙醇或丙酮轻轻擦洗镜面，不能来回擦，

只能单向擦,待晾干后方可使用。

(2)校正折光仪:将蒸馏水 2~3 滴均匀地置于磨砂棱镜上,关紧棱镜,使光线射入,先轻轻转动左侧刻度盘,并在镜筒内找到明暗分界线。若出现彩色带,则调节消色散镜,使明暗界线清晰。调节刻度盘,使明暗分界线穿过十字交叉线中心,记录读数。平行测定 3 次,测定的折光率和标准值进行比较,算出折光仪的误差,如有必要应调试校准仪器。

(3)将要测样品的液体按上述方法测定折光率,测 3 次,算出测定的平均值,然后计算校正值。

(4)测完样品后,应擦洗镜面,晾干后关闭。

4. 注意事项

(1)折光仪棱镜必须注意保护,不能在镜面上造成刻痕,不能测定强酸、强碱。

(2)每次使用前后,应仔细认真地擦洗镜面,并晾干备用。

(3)校正误差一般很小,误差过大时,整个仪器应重新调试校正。

1.11.2 旋光度的测定

旋光度测定法,是利用平面偏振光通过含有某些光学活性物质(如具有不对称碳原子的化合物)的液体或溶液时发生的旋光现象来测量有机化合物的比旋光度或检查有机化合物纯度的方法,也可用来测定含量。

1. 实验原理

偏振光通过某些晶体或某些物质的溶液以后,偏振光的振动面将旋转一定的角度,这种现象称为旋光现象。如图 1.22 所示,这个角 α 称为旋光角,它与偏振光通过溶液的长度 L 和溶液中旋光性物质的浓度 c 成正比,即 $\alpha = \alpha_m L c$,式中 α_m 称为该物质的旋光率(比旋光度)。如果 L 的单位用 dm,浓度 c 定义为在 $1cm^3$ 溶液内溶质的克数,单位用 g/cm^3,那么旋光率 α_m 的单位为 $(°) \cdot cm^3/(dm \cdot g)$。

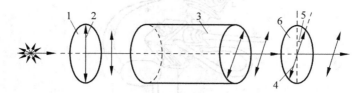

图 1.22 旋光现象示意图

1—起偏器;2—起偏器偏振化方向;3—旋光物质;4—检偏器偏振化方向;5—旋光角 α;6—检偏器

实验表明,同一旋光物质对不同波长的光有不同的旋光率。因此,通常采用钠黄光 (589.3nm)来测定旋光率。旋光率还与旋光物质的温度有关。如对于蔗糖水溶液,在室温条件下温度每升高(或降低)$1℃$,其旋光率约减小(或增加)$0.024° \cdot cm^3/(dm \cdot g)$。因此,对于所测物质的旋光率,必须说明测量时的温度。旋光率还有正负,这是因为迎着射来的光线看去,如果旋光现象使振动面向右(顺时针方向)旋转,这种溶液称为右旋溶液,如天然的葡萄糖、麦芽糖、蔗糖的水溶液,它们的旋光率用正值表示。反之,如果振动面向左(逆时针方向)旋转,这种溶液称为左旋溶液,如转化糖、果糖的水溶液,它们的旋光率用负值表示。严格来讲旋光率还与溶液浓度有关,在要求不高的情况下,此项影响可以忽略。

若已知待测旋光性溶液的浓度 c 和液柱的长度 L ,测出旋光角 α ,就可以由 $\alpha = \alpha_m L c$ 算出旋光率 α_m 。也可以在液柱长 L 不变的条件下,依次改变浓度 c ,测出相应的旋光角,然后画出 α 与 c 的关系图线(称为旋光曲线)。它基本是条直线,直线的斜率为 $\alpha_m \cdot L$,由直线的斜率也可求出旋光率 α_m 。反之,在已知某种溶液的旋光曲线时,只要测量出溶液的旋光角,就可以从旋光曲线上查出对应的浓度。

2. 实验装置

以 WXG-4 型旋光仪来测量旋光性溶液的旋光角为例,其结构如图 1.23 所示。为了准确地测定旋光角 α ,仪器的读数装置采用双游标读数,以消除度盘的偏心差。度盘等分 360格,分度值 $\alpha = 1°$,角游标的分度数 $n = 20$ 。因此,角游标的分度值 $i = \alpha/n = 0.05°$,与 20 分游标卡尺的读数方法相似,度盘和检偏镜联结成一体,利用度盘转动手轮作粗(小轮)、细(大轮)调节,游标窗前装有供读游标用的放大镜。

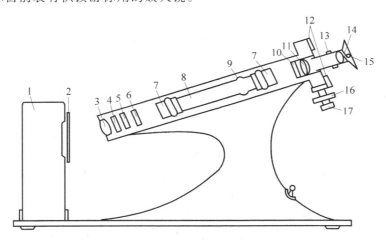

图 1.23　WXG-4 型旋光仪结构

1—钠光灯;2—毛玻璃片;3—会聚透镜;4—滤色镜;5—起偏镜;6—石英片;7—测试管端螺帽;8—测试管;9—测试管凸起部分;10—检偏镜;11—望远镜物镜;12—度盘和游标;13—望远镜调焦手轮;14—望远镜目镜;15—游标读数放大镜;16—度盘转盘细调手轮;17—度盘转盘粗调手轮

仪器还在视场中采用了半荫法比较两束光的亮度,其原理是在起偏镜后面加一块石英晶体片,石英片和起偏镜的中部在视场中重叠,将视场分为三部分。并在石英片旁边装上一定厚度的玻璃片,以补偿由于石英片的吸收而发生的光亮度变化,石英片的光轴平行于自身表面并与起偏镜的偏振化方向夹一小角 θ (称影荫角),由光源发出的光经过起偏镜后变成偏振光,其中一部分再经过石英片,石英是各向异性晶体,光线通过它将发生双折射。可以证明,厚度适当的石英片会使穿过它的偏振光的振动面转过 2θ 角,这样进入测试管的光是振动面间的夹角为 2θ 的两束偏振光。

在图 1.24 中, OP 表示通过起偏镜后的光矢量,而 OP' 则表示通过起偏镜与石英片后的偏振光的光矢量。 OA 表示检偏镜的偏振化方向, OP 和 OP' 与 OA 的夹角分别为 β 和 β' ,

OP 和 OP' 在 OA 轴上的分量分别为 OP_A 和 OP'_A。转动检偏镜时，OP_A 和 OP'_A 的大小将发生变化。于是从目镜中所看到的三分视场的明暗也将发生变化（见图 1.24 的下半部分）。图中画出了 4 种不同的情形。

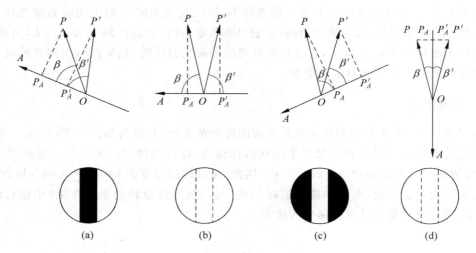

图 1.24　旋光仪的三分视场图

（a）$\beta'>\beta$，$OP_A>OP'_A$：从目镜观察到三分视场中与石英片对应的中部为暗区，与起偏镜直接对应的两侧为亮区，三分视场很清晰。当 $\beta'=\pi/2$ 时，亮区与暗区的反差最大。

（b）$\beta'=\beta$，$OP_A=OP'_A$：三分视场消失，整个视场为较暗的黄色。

（c）$\beta'<\beta$，$OP_A<OP'_A$：视场又分为三部分，与石英片对应的中部为亮区，与起偏镜直接对应的两侧为暗区。当 $\beta=\pi/2$ 时，亮区与暗区的反差最大。

（d）$\beta'=\beta$，$OP_A=OP'_A$：三分视场消失。由于此时 OP 和 OP' 在 OA 轴上的分量比第二种情形时大，因此整个视场为较亮的黄色。

由于在亮度较弱的情况下，人眼辨别亮度微小变化的能力较强，所以取图 1.24(b)情形的视场为参考视场，并将此时检偏镜偏振化方向所在的位置取作度盘的零点。

实验时，将旋光性溶液注入已知长度 L 的测试管中，把测试管放入旋光仪的试管筒内，这时 OP 和 OP' 两束线偏振光均通过测试管，它们的振动面都转过相同的角度 α，并保持两振动面间的夹角为 2θ 不变。转动检偏镜使视场再次回到图 1.24(b)状态，则检偏镜所转过的角度就是被测溶液的旋光角 α。

3. 实验步骤

1）调整旋光仪，校验零点位置

2）测定旋光性溶液的旋光率和浓度

（1）测 4 种已知浓度的葡萄糖溶液旋光度。

（2）调节望远镜调焦手轮，使三分视场清晰，调节度盘转动手轮，在视场中找到三分视场刚消失并且整个视场变为较暗的黄色时的左、右两游标的读数即为该溶液旋光度。

（3）测出四种不同浓度葡萄糖溶液的旋光角 α 后，在坐标纸上根据作图法规则，绘出 α-c 图线。根据图解法规则，由图线的斜率求出该物质的旋光率 α_m，在图线旁边应标明实验时溶液的温度和所用的光波波长。

（4）将浓度未知的葡萄糖溶液装入测试管，测出旋光角 α，再从 α-c 图线上确定待测液体的浓度。

4. 注意事项

（1）测试管应轻拿轻放，小心打碎。

（2）所有镜片，包括测试管两头的护片玻璃都不能用手直接揩拭，应用柔软的绒布或镜头纸揩拭。

（3）只能在同一方向转动度盘手轮时读取始、末示值，决定旋光角，而不能在来回转动度盘手轮时读取示值，以免产生回程误差。

1.11.3　红外光谱

1. 实验原理

红外光是一种波长介于可见光区和微波区之间的电磁波谱，波长在 $0.78 \sim 300 \mu m$。通常又把这个波段分成三个区域，即近红外区：波长在 $0.78 \sim 2.5 \mu m$（波数在 $12820 \sim 4000 cm^{-1}$），又称泛频区；中红外区：波长在 $2.5 \sim 25 \mu m$（波数在 $4000 \sim 400 cm^{-1}$），又称基频区；远红外区：波长在 $25 \sim 300 \mu m$（波数在 $400 \sim 33 cm^{-1}$），又称转动区。其中红外区是研究、应用最多的区域，该区域对应的是化合物分子的振动能级。

在分子中存在着许多不同类型的振动，其振动自由度与原子数有关。含 N 个原子的分子有 $3N$ 个自由度，除去分子的平动和转动自由度以外，振动自由度应为 $3N-6$（线性分子是 $3N-5$）。这些振动可分为两大类：一类是沿键轴方向伸缩使键长发生变化的振动，称为伸缩振动，用 ν 表示。这种振动又分为对称伸缩振动（用 ν_s 表示）和非对称伸缩振动（用 ν_{as} 表示）。另一类是原子垂直于价键方向振动，此类振动会引起分子内键角变化，称为弯曲（或变形）振动，用 δ 表示，这类振动又可分为面内弯曲振动（包括平面摇摆及剪式两种振动）和面外弯曲振动（包括平面外摇摆及扭曲两种振动）。

在分子中有多种振动形式，每一种简正振动都对应一定的振动频率，但并不是每一种振动都会和红外辐射发生相互作用而产生红外吸收，只有能引起分子偶极矩变化的振动（称为红外活性振动），才能产生红外吸收光谱。也就是说，当分子振动引起分子偶极矩变化时，就能形成稳定的交变电场，其频率与分子振动频率相同，可以和相同频率的红外辐射发生相互作用，使分子吸收红外辐射的能量跃迁到高能态，从而产生红外吸收光谱。

在正常情况下，这些具有红外活性的分子振动大多数处于基态，被红外辐射激发后，跃迁到第一激发态。这种跃迁所产生的红外吸收称为基频吸收。在红外吸收光谱中大部分吸收都属于这一类型。除基频吸收外还有倍频和合频吸收，但这两种吸收都较弱。

红外吸收谱带的强度与分子数有关，但也与分子振动时偶极矩变化率有关。变化率越大，吸收强度也越大，因此极性基团如羰基、胺基等均有很强的红外吸收带。

2. 实验装置

图 1.25 是傅里叶变换红外光谱仪的典型光路系统，来自红外光源的辐射，经过凹面反

射镜形成平行光后进入迈克尔逊干涉仪,离开干涉仪的脉冲光束投射到一摆动的反射镜 B,使光束交替通过样品池或参比池,再经摆动反射镜 C(与 B 同步),使光束聚焦到检测器上。

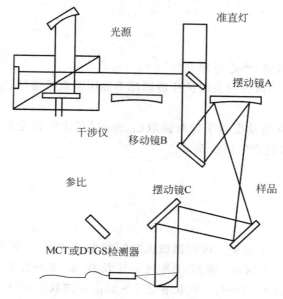

图 1.25　傅里叶变换红外光谱仪的典型光路系统

傅里叶变换红外光谱仪无色散元件,没有夹缝,故来自光源的光有足够的能量经过干涉后照射到样品上然后到达检测器,傅里叶变换红外光谱仪测量部分的主要核心部件是干涉仪,图 1.26 是单束光照射迈克尔逊干涉仪时的工作原理图。干涉仪是由固定不动的反射镜 M_1(定镜)、可移动的反射镜 M_2(动镜)及分光束器 B 组成,M_1 和 M_2 是互相垂直的平面反射镜。B 以 45°角置于 M_1 和 M_2 之间,B 能将来自光源的光束分成相等的两部分,一半光束经 B 后被反射,另一半光束则透射通过 B。在迈克尔逊干涉仪中,当来自光源的入射光经光分束器分成两束光,经过两反射镜反射后又汇聚在一起,再投射到检测器上,由于动镜的移动,使两束光产生了光程差,当光程差为半波长的偶数倍时,发生相长干涉,产生明线;为半波长的奇数倍时,发生相消干涉,产生暗线,若光程差既不是半波长的偶数倍,也不是奇数倍时,则相干光强度介于前两种情况之间,当动镜联系移动,在检测器上记录的信号余弦变化,每移动四分之一波长的距离,信号则从明到暗周期性改变一次(图 1.26)。

3. 实验步骤

(1) 打开计算机及红外光谱仪主机电源,预热半小时。

(2) 检查仪器工作状态并设置实验参数。

(3) 根据样品的特点,在样品中加入一定比例的 KBr 并在玛瑙研钵中研磨均匀。

(4) 将研磨好的样品装入模具中,然后用压片机压片。

(5) 将试片在红外灯下干燥片刻后置于红外光谱仪主机的样品架上。

(6) 采集样品的透射红外光谱图,并保存谱图。

(7) 对谱图进行解析。

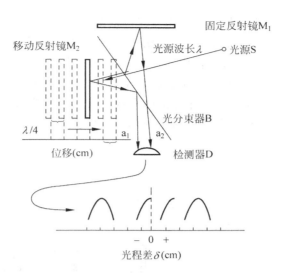

图 1.26　单束光照射迈克尔逊干涉仪时的工作原理图

4. 注意事项

（1）待测样品及盐片均需充分干燥处理。

（2）为了防潮，宜在红外干燥灯下操作。

（3）测试完毕，应及时用丙酮擦洗样品池和模具。干燥后，置入干燥器中备用。

1.11.4　核磁共振谱

1. 实验原理

核磁共振现象来源于原子核的自旋角动量在外加磁场作用下的进动。

根据量子力学原理，原子核与电子一样，也具有自旋角动量，其自旋角动量的具体数值由原子核的自旋量子数决定，实验结果显示，不同类型的原子核自旋量子数也不同。

质量数和质子数均为偶数的原子核，自旋量子数为 0；质量数为奇数的原子核，自旋量子数为半整数；质量数为偶数，质子数为奇数的原子核，自旋量子数为整数。

迄今为止，只有自旋量子数等于 1/2 的原子核，其核磁共振信号才能够被人们利用，经常为人们所利用的原子核有：^1H、^{11}B、^{13}C、^{17}O、^{19}F、^{31}P。

由于原子核携带电荷，当原子核自旋时，会由自旋产生一个磁矩，这一磁矩的方向与原子核的自旋方向相同，大小与原子核的自旋角动量成正比。将原子核置于外加磁场中，若原子核磁矩与外加磁场方向不同，则原子核磁矩会绕外磁场方向旋转，这一现象类似陀螺在旋转过程中转动轴的摆动，称为进动。进动具有能量也具有一定的频率。

原子核进动的频率由外加磁场的强度和原子核本身的性质决定，也就是说，对于某一特定原子，在一定强度的外加磁场中，其原子核自旋进动的频率是固定不变的。

原子核发生进动的能量与磁场、原子核磁矩，以及磁矩与磁场的夹角相关，根据量子力学原理，原子核磁矩与外加磁场之间的夹角并不是连续分布的，而是由原子核的磁量子数决定的，原子核磁矩的方向只能在这些磁量子数之间跳跃，而不能平滑地变化，这样就形成了一系列的能级。当原子核在外加磁场中接受其他来源的能量输入后,就会发生能级跃迁,也就是原子核磁矩与外加磁场的夹角会发生变化。这种能级跃迁是获取核磁共振信号的基础。

为了让原子核自旋的进动发生能级跃迁,需要为原子核提供跃迁所需要的能量,这一能量通常是通过外加射频场来提供的。根据物理学原理,当外加射频场的频率与原子核自旋进动的频率相同的时候,射频场的能量才能够有效地被原子核吸收,为能级跃迁提供助力。因此某种特定的原子核,在给定的外加磁场中,只吸收某一特定频率射频场提供的能量,这样就形成了一个核磁共振信号。

2. 实验装置

如图 1.27 所示,核磁共振实验仪主要包括磁铁及扫场线圈、探头与样品、边限振荡器、磁场扫描电源、频率计、高斯计及示波器。

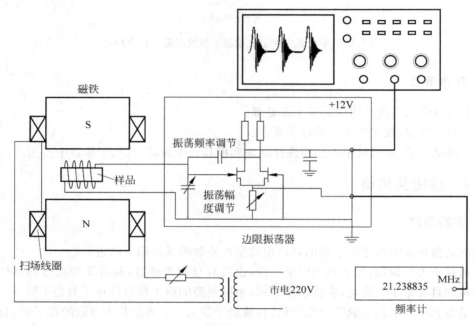

图 1.27 核磁共振的实验装置

（1）边限振荡器:边限振荡器是处于振荡与不振荡边缘状态的 LC 振荡器(也称边缘振荡器),样品放在振荡线圈中,振荡线圈和样品一起放在磁铁中。当振荡器的振荡频率近似等于共振频率时,振荡线圈内射频磁场能量被样品吸收使得振荡器停振,振荡器的振荡输出幅度大幅下降,从而检测到核磁共振信号。

（2）扫场电源:扫场电源控制共振条件周期性发生以便于示波器观察。一般扫场电源采用频率 50 Hz 市电经变压器降压完成。扫场范围调节通过改变串联电阻完成。

（3）频率计:频率计用于测量振荡器的振荡频率。

（4）示波器:示波器用于观察共振信号,注意示波器的同步模式应设为 normal(普通),同步源设为 line(电源),否则共振信号无法同步。如果采用李萨如图形观察,可以避免同步不稳带来的观察困难。

3. 实验步骤

（1）样品制备：一般采用 5mm 的标准样品管，样品十几毫克至几十毫克，对于脉冲傅里叶核磁共振波谱仪 PFT-NMR 而言，^{1}H-NMR 谱一般只需要 1mg 左右样品甚至更少。根据样品性质，选择好氘代试剂，溶解后加入样品管，塞好样品管，擦拭干净后，放入转子中，用量筒调节好转子位置，即可放入磁场中心的样品腔中，打开气流开关，使样品管旋转。

（2）按照具体实验仪器的操作说明，进行匀场、锁场。

（3）设置实验合适的参数，采集信号，相应调整，确定化学位移，积分，得到[1]H-NMR谱图。

（4）打印谱图。

4. 注意事项

1）制样中的注意点

（1）要得到高分辨率的谱图，样品溶液中绝对不能有悬浮的灰尘和纤维，一般情况下用棉花和滤纸把样品直接过滤到样品管中。

（2）测试微量样品时，要戴手套处理样品，以防止手指上的微量悬浮物溶在溶液中，否则[1]H-NMR 谱中 1.4 ppm 会出现一个 7Hz 裂分的双峰，可能来自丙氨酸或者乳酸。

（3）控制样品量，一般[1]H-NMR 谱需要的样品量比较小，大概几个毫摩尔就可以了，二纤维谱和碳谱浓度所需样品量较大，最好有几十个毫摩尔。

（4）氘代溶剂选择时需要注意使样品容易溶解，溶剂峰和样品峰没有重叠，黏度低，并且价格便宜。

（5）控制溶剂量，一般样品的溶剂量应为 0.5mL，在核磁管中的长度为 4cm 左右，溶剂量太小会影响匀场，进而影响实验的浓度和谱图的效果，溶剂量太大会导致浪费。

（6）尽量选用优质核磁样品管，样品管必须清洗干净，无残留溶剂和杂质，以免影响测试结果，并且最好不要在核磁管上乱贴标签，这会导致核磁管轴向的不均衡，在样品旋转时影响 mm 分辨率，还有可能打碎核磁管造成重大损失。

2）其他注意点

（1）样品在磁场的位置很重要，应保证处在磁场的几何中心，除非有其他要求。

（2）注意将磁性物体远离磁体，它们可能对磁体、匀场线圈和探头造成严重损坏，盛装低温液体的同心杜瓦可能被强力撞裂。

1.12 常见有机化合物的化学方法鉴别

1. 化学方法鉴别条件

并不是化合物的所有化学性质都可以用于鉴别，必须具备一定的条件：

（1）化学反应中有颜色变化。

（2）化学反应过程中伴随着明显的温度变化（放热或吸热）。

（3）反应产物有气体产生。

（4）反应产物有沉淀生成或反应过程中沉淀溶解、产物分层等。

2. 常见各类化合物的鉴别方法

1）烯烃、二烯、炔烃（含有不饱和碳碳键）

（1）溴的四氯化碳溶液，红棕色褪去。

（2）高锰酸钾溶液，紫色褪去。

2）含有炔氢的炔烃（末端炔）

（1）硝酸银的氨溶液，生成炔化银白色沉淀。

（2）氯化亚铜的氨溶液，生成炔化亚铜红色沉淀。

3）小环烃

三、四元脂环烃可使溴的四氯化碳溶液褪色（三元环常温就能褪色，四元环需加热），但不能使高锰酸钾溶液褪色。

4）卤代烃

硝酸银的醇溶液，生成卤化银沉淀；不同结构的卤代烃生成沉淀的速度不同，烯丙型和叔卤代烃最快，仲卤代烃次之，伯卤代烃需加热才出现沉淀。

5）醇

（1）与金属钠反应放出氢气（鉴别 6 个碳原子以下的醇）。

（2）用卢卡斯试剂鉴别伯、仲、叔醇。叔醇立刻变浑浊，仲醇放置后变浑浊，伯醇放置后也无变化。

6）酚或烯醇类化合物

（1）用三氯化铁溶液产生颜色（苯酚产生蓝紫色）。

（2）苯酚与溴水生成三溴苯酚白色沉淀（可作定性、定量分析）。

7）羰基化合物

（1）鉴别所有的醛酮：2,4-二硝基苯肼，产生黄色或橙红色沉淀。

（2）区别醛与酮：用托伦试剂（无色溶液），醛能生成银镜，而酮不能。

用斐林试剂（蓝绿色），醛生成砖红色沉淀，而酮不能。

（3）鉴别乙醛、甲基酮和具有 $CH_3CH(OH)-$结构的醇，用碘的氢氧化钠溶液（即次碘酸盐 $NaOI$），生成黄色的碘仿沉淀。

8）甲酸

用托伦试剂或斐林试剂，甲酸能生成银镜或铜镜，而其他酸不能。

9）硝基化合物

伯、仲硝基化合物含有 α-H，能溶于 $NaOH$ 溶液，叔硝基化合物没有 α-H，不溶于 $NaOH$ 溶液。

10）胺

区别伯、仲、叔胺有以下两种方法。

（1）用苯磺酰氯或对甲苯磺酰氯，在 $NaOH$ 溶液中反应，伯胺生成的产物溶于 $NaOH$；仲胺生成的产物不溶于 $NaOH$ 溶液（析出固体）；叔胺不发生反应（有分层现象）。

（2）用 $NaNO_2 + HCl$

脂肪胺：伯胺放出氮气，仲胺生成黄色油状物，叔胺不反应。

芳香胺：伯胺生成重氮盐(溶于水)，仲胺生成黄色油状物，叔胺生成绿色固体。

11）杂环化合物

三个五元杂环化合物和糠醛都有其特征鉴别反应：

（1）呋喃与浸有盐酸的松木片(松木反应)显绿色。

（2）吡咯与浸有盐酸的松木片(松木反应)显红色。

（3）噻吩与靛红的硫酸溶液加热显蓝色。

（4）糠醛与苯胺的乙酸溶液得亮红色缩合物。

12）糖

（1）单糖都能与托伦试剂和斐林试剂作用，产生银镜或砖红色沉淀。

（2）葡萄糖与果糖：用溴水可区别葡萄糖与果糖，葡萄糖能使溴水褪色，而果糖不能。

（3）麦芽糖、乳糖、纤维二糖与蔗糖：用托伦试剂或斐林试剂，麦芽糖、乳糖、纤维二糖可生成银镜或砖红色沉淀，而蔗糖不能。

第 2 章

基 础 实 验

实验 2.1　溴乙烷的制备

2.1.1　实验目的

1. 学习制备溴代烷的原理和方法,加深对双分子亲核取代反应的理解;
2. 掌握蒸馏及分离提纯技术。

2.1.2　实验原理

溴乙烷(ethyl bromide)是通过乙醇和氢溴酸发生的亲核取代反应而制备的。

主反应：$C_2H_5OH + NaBr + H_2SO_4 \longrightarrow C_2H_5Br + NaHSO_4 + H_2O$

（$NaBr + H_2SO_4 \rightleftharpoons HBr + NaHSO_4$　$C_2H_5OH + HBr \rightleftharpoons C_2H_5Br + H_2O$）

副反应：$2C_2H_5OH \xrightarrow{H_2SO_4} C_2H_5OC_2H_5 + H_2O$

$C_2H_5OH \xrightarrow{H_2SO_4} C_2H_4 + H_2O$

2.1.3　仪器与试剂

仪器：圆底烧瓶(100mL)、烧杯(300、200mL)、锥形瓶(50mL)、量筒(20mL)、直形冷凝管、弯管、尾接管、乳胶管

试剂：95%乙醇 10mL(0.165mol)、溴化钠(无水)13g(0.126mol)、浓硫酸($d=1.84$)19mL(0.34mol)、亚硫酸氢钠、沸石

2.1.4　实验步骤

实验装置如图 2.1 所示,在 100mL 圆底烧瓶中加入 13g 研细的溴化钠,然后加入 9mL 水,振荡使之溶解,再加入 10mL 95%乙醇,在冷却和不断摇荡状态下,缓慢地滴入 19mL 浓硫酸,同时用冰水浴冷却烧瓶。再投入 2～3 粒沸石,将烧瓶用 75°弯管与直形冷凝管相连,冷凝管下端连接引管,在接收器中加冷水及 5mL 饱和亚硫酸氢钠溶液。溴乙烷的沸点很低,极易挥发,为了避免产物的挥发损失,接收器放于冰水浴中冷却,并使尾接管的末端刚好与接收器中冷的含亚硫酸氢钠的水溶液接触或稍微浸入接收器内的水溶液中。

在石棉网上用很小的火焰加热烧瓶,瓶中的物质开始发泡。控制加热程度,使油状产物

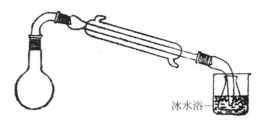

冰水浴

图 2.1 反应装置

逐渐蒸发出去,约 30min 后缓慢加大火焰,到无油滴蒸出时为止。馏出物为乳白色油状物,沉于接收器瓶底。

将接收器中的液体倒入分液漏斗中,静置分层,然后将下层的粗产品溴乙烷放入一干燥的小锥形瓶中。将锥形瓶浸于冰水浴中,在冷却条件下逐滴向瓶中加入浓硫酸,同时振荡,直至溴乙烷变得澄清透明,而且瓶底明显有硫酸液层分出(约需 4mL 浓硫酸)。再用干燥的分液漏斗仔细地分去下面的硫酸层,然后将溴乙烷从分液漏斗的上口倒入一个 30mL 蒸馏瓶中。安装蒸馏装置,在蒸馏烧瓶中加入 2～3 粒沸石,用水浴加热,蒸出溴乙烷。收集产物的接收器要用冷水浴冷却,收集 37～40℃ 的馏分。产品量约为 10g。

纯溴乙烷为无色液体,沸点为 38.4℃,d_4^{20} 为 1.46。

实验所需时间约为 4h。

2.1.5 注意事项

(1) 溴化钠要先研细,在搅拌状态下加入,以防止和减轻结块对反应造成的不利影响。也可以用带结晶水的溴化钠($NaBr \cdot 2H_2O$),其所用质量按同等物质的量进行换算,并且应该相应地减少加入的水量。本实验也可用溴化钾代替溴化钠。

(2) 当受热不均或过热时,会有少量的副产物溴分解出来,使蒸出的油层带有棕黄色。加入的亚硫酸氢钠可除去此棕黄色。溴乙烷在水中溶解度甚小(1:100),在低温时不与水作用,且沸点较低。蒸馏时一定要缓慢加热,以防止反应物冲出蒸馏烧瓶或由于蒸气来不及冷凝而逸出造成产品损失。

(3) 在反应过程中应密切注意防止接收器中的液体发生倒吸而进入冷凝管,一旦发生此现象,应暂时把接收器调整放低,使接引管的下端暂时露出液面,然后稍稍加大火焰,待有馏出液出来时再恢复原状。反应结束时,先移开接收器,再停止加热。

(4) 用电热套加热时应缓慢升高温度。进行反应的时间需 0.5～1h。反应结束时,烧瓶中残液由浑浊变为清亮透明,应趁热将残液倒出洗净,以免硫酸氢钠冷后结块,不易倒出。

(5) 要注意尽量将水分离干净,避免水分残留在溴乙烷中,否则下面加硫酸处理时会产生较多的热量而造成溴乙烷的挥发损失,降低产率。

2.1.6 思考题

1. 在制备溴乙烷时,反应混合物中加入适量水有什么作用?
2. 粗产品中可能会有什么杂质? 是如何除去的?
3. 如果你的实验结果产率不高,试分析其原因。

4. 蒸馏时可以在接收瓶中加入冰水,其目的是什么?

实验 2.2　环己烯的制备

2.2.1　实验目的

1. 学习以磷酸催化环己醇脱水制取环己烯的原理和方法;
2. 初步掌握分馏和水浴蒸馏的基本操作技能。

2.2.2　实验原理

环己醇可在浓硫酸或磷酸催化下脱水制备环己烯,本实验采用磷酸催化。

反应: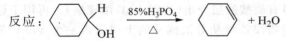

2.2.3　仪器与试剂

仪器:圆底烧瓶(50mL)、分馏柱、冷凝管、尾接管、烧杯、温度计
试剂:环己醇 10mL(9.6g,约 0.1mol)、磷酸(85%)5mL、饱和食盐水、无水氯化钙

2.2.4　实验步骤

在 50mL 干燥的圆底烧瓶中,放入 10mL 环己醇及 5mL 85% 的磷酸,充分振荡使两种溶液混合均匀。投入几粒沸石,按图 2.2 安装反应装置。用小烧瓶或锥形瓶作接收器,置于碎冰浴里。

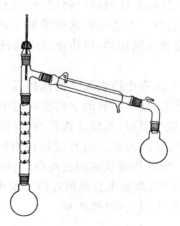

图 2.2　分馏反应装置

用小火缓慢加热混合物至沸腾,或用电热套缓慢升温至反应液沸腾,以较慢速度进行蒸馏并控制分馏柱顶部温度不超过 73℃。当无液体蒸出时,加大火焰,继续蒸馏。当温度计达到 85℃时,停止加热。蒸出物为环己烯和水的混合浑浊液。

小烧瓶或锥形瓶中的粗产物,用滴管吸去水层,加入等体积的饱和食盐水,摇匀后静置待液体分层,再用滴管吸去水层。

油层转移到干燥的小锥形瓶中,加入适量无水氯化钙干燥之,待液体完全澄清透明后,进行蒸馏提纯。将干燥后的环己烯粗产品倾入 30mL 圆底烧瓶中,常压蒸馏纯化产品,在水浴上进行蒸馏,收集 82～85℃的馏分。所用的蒸馏装置要求必须是干燥的。

产量:4～5g。

纯环己烯(cyclohexene)为无色透明液体,沸点为 83℃,d_4^{20} 0.8102,n_D^{20} 1.4465。

实验所需的时间约:4h。

2.2.5　注意事项

(1) 最好用水浴或油浴加热,以使反应受热均匀。

(2) 环己醇和水、环己烯和水皆形成二元恒沸混合物。反应中环己烯与水形成共沸物,沸点为 70.8℃,含水 10%。没有反应的环己醇与水形成共沸物沸点为 97.8℃,含水 80%(见表 2-1)。反应加热时温度不可过高,以减少未反应的环己醇被蒸出。

(3) 粗环己烯也可倒入小分液漏斗中进行洗涤纯化处理。

(4) 用无水氯化钙应干燥 20min 以上,必须达到完全澄清透明后,才能进行下一步。

(5) 当粗产品干燥好后,向烧瓶中倾倒时要防止干燥剂混出,可在普通玻璃漏斗颈处塞一团疏松的脱脂棉或玻璃棉过滤。

(6) 蒸馏所得产物可以用气相色谱检测其纯度。固定液可用聚乙醇、邻苯二甲酸二壬酯等。

(7) 产品是否清亮透明,是本实验的一个质量标准,为此除干燥好粗产品以外,所有蒸馏仪器必须全部干燥。

2.2.6　思考题

1. 较浓硫酸而言,用磷酸做脱水剂有什么优点?
2. 如果你的实验产率太低,试分析主要是在哪些操作步骤中造成损失。
3. 把食盐加入馏出液的目的是什么?
4. 用无水氯化钙作干燥剂有何优点?

表 2-1　两种恒沸物沸点及组成

恒沸体系	沸点/℃		恒沸物的组成/%
	组分	恒沸物	
环己醇	161.5	97.8	～20.0
水	100.0		～80.0
环己烯	83.0	70.8	90
水	100.0		10

实验 2.3   正丁醚的制备

2.3.1   实验目的

1. 掌握醇分子脱水制醚的反应原理和实验方法；
2. 学习使用分水器的实验操作。

2.3.2   实验原理

主反应：$2CH_3CH_2CH_2CH_2CH_2OH \xrightarrow{H_2SO_4,135℃} (CH_3CH_2CH_2CH_2)_2O + H_2O$

副反应：$CH_3CH_2CH_2CH_2CH_2OH \xrightarrow{H_2SO_4} CH_3CH_2CH \longrightarrow CH_2 + H_2O$

2.3.3   仪器与试剂

仪器：三口烧瓶(100mL)、量筒、分水器、温度计、球形冷凝管、直形冷凝管、弯管、尾接管、圆底烧瓶、分液漏斗、锥形瓶

试剂：正丁醇 31mL(25g,0.34mol)、硫酸($d = 1.84$)5mL、50%硫酸、无水氯化钙

2.3.4   实验步骤

在 100mL 三口烧瓶中加入 31mL 正丁醇,将 5mL 浓硫酸缓慢加入并摇荡烧瓶使浓硫酸与正丁醇混合均匀,加几粒沸石。在烧瓶上装分水器和温度计,温度计水银球应浸入液面以下,分水器上端再接一回流冷凝管。装置如图 2.3 所示。

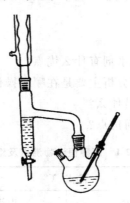

图 2.3   分水反应装置

分水器中可事先加入一定量的水(计量,水的量可等于分水器的总容量减去反应完全时生成的水量)。将烧瓶放在石棉网上用小火加热,或用电热套缓慢加热至开始回流(约30min 加热到 100～115℃的开始回流温度),保持回流约 1h。随着反应的进行,分水器中的水层不断增加,反应液的温度也逐渐上升。注意当分水器中的水层将要超过支管而流回烧瓶时,可打开其下端旋塞放掉一部分水。当生成水量到达 4.5～5mL 时,分水器中的水量不

再变化,瓶中反应液温度达到 150℃ 左右时,停止加热。待反应物稍冷,拆除回流及分水装置,将仪器改成蒸馏装置,加 2 粒沸石,进行蒸馏至无馏出液为止。

将馏出液倒入分液漏斗中,分去水层。粗产物用两份 15mL 冷的 50%(wt.%)硫酸洗涤两次,再用水洗涤两次,最后用 1~2g 无水氯化钙干燥。干燥后的粗产物倒入 30mL 蒸馏烧瓶中(注意不要把氯化钙倒进去,可进行过滤使转移较完全)进行蒸馏,收集 140~144℃ 的馏分。

产量:7~8g。

纯正丁醚(dibutyl ether)为无色液体,沸点 142.4℃,d_4^{15} 为 0.773。

实验所需时间:6h。

2.3.5　注意事项

(1) 本实验利用恒沸混合物蒸馏方法将反应生成的水不断从反应物中除去。含水的恒沸混合物冷凝后分层,上层主要是正丁醇和正丁醚,下层主要是水(见表 2-2)。在反应过程中利用分水器使上层液体不断流回到反应器中,而将生成的水除去,以提高产率。

表 2-2　正丁醇、正丁醚和水可能生成以下几种恒沸混合物

恒沸混合物	沸点/℃	组成的质量分数/%		
		正丁醇	正丁醚	水
正丁醇-水	94.1	66.6		33.4
正丁醚-水	93.0		55.5	45.5
正丁醇-正丁醚	117.6	17.5	82.5	

(2) 按反应式计算,在合成中生成水的量约为 3mL,实际上分出水层的体积要略大于理论量,否则产率很低。

(3) 如果加热时间过长,溶液会变黑并使副产物丁烯增加。

(4) 分水反应结束后,也可以略去蒸馏一步,而将冷的反应物直接倒入分液漏斗中,进行下面的操作。但会使反应产物中杂质较多,可能会不利于后面的洗涤分层分离。

(5) 50%(wt.%)硫酸的配制方法:20mL 浓硫酸缓慢加入到 34mL 水中。丁醇能溶于 50% 硫酸中而正丁醚溶解度较小。

2.3.6　思考题

1. 试计算理论上应分出的水量。如果你分出的水量超过理论数值,试分析其原因。

2. 如最后蒸馏前的粗产品中含有丁醇,能否用分馏的方法将它除去?这样做好不好?

3. 如何得知反应已经比较完全?

4. 分水器中先加入一定量的水有什么作用?

5. 实验过程中为什么要对分水器中水的量进行计量?

实验 2.4　正丁醛的制备及性质研究

2.4.1　实验目的

1. 学习氧化法制备正丁醛的方法；
2. 进一步掌握分馏等分离提纯技术。

2.4.2　实验原理

主反应：$CH_3(CH_2)_2CH_2OH+[O] \longrightarrow CH_3(CH_2)_2CHO+H_2O$

副反应：$CH_3(CH_2)_2CHO+[O] \longrightarrow CH_3(CH_2)_2COOH$

$CH_3(CH_2)_2COOH+C_4H_9OH \longrightarrow CH_3(CH_2)_2COOC_4H_9+H_2O$

2.4.3　仪器与试剂

仪器：三口烧瓶、烧杯、分液漏斗、分馏柱、温度计、蒸馏装置

试剂：正丁醇 28mL(22.2g,0.3mol)、重铬酸钠($Na_2Cr_2O_7 \cdot 2H_2O$)30.5g、浓硫酸($d=1.84$) 22mL、无水硫酸镁

2.4.4　实验步骤

在 250mL 烧杯中,溶解 30.5g 重铬酸钠于 165mL 水中。在仔细搅拌和冷却状态下,缓慢加入 22mL 浓硫酸。将配置好的氧化剂溶液倒入滴液漏斗中(可分批次加入)。向 250mL 三口烧瓶中加入 28mL 正丁醇及几粒沸石。按图 2.4 安装实验装置,接收瓶置于冰水浴中。

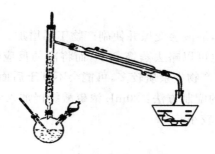

图 2.4　正丁醛制备装置

将正丁醇加热至微沸,待蒸气上升刚好达到分馏柱底部时,开始滴加氧化剂溶液,约在 20min 内完成。

注意滴加速度,使分馏柱顶部的温度不超过 78℃。

反应过程中,生成的正丁醛不断地馏出。氧化反应本身是放热的,在加料时要注意温度变化,控制柱顶温度不低于 71℃,又不高于 78℃。

当氧化剂全部加完后,继续用小火加热 15～20min,温度会有所上升。将在 95℃以下分

馏出的物质收集起来即得到正丁醛粗产物。将此粗产物倒入分液漏斗中,分去水层。把上层的油状物倒入干燥的小锥形瓶中,加入 1～2g 无水硫酸镁或无水硫酸钠进行干燥。

　　将澄清透明的粗产物倒入一个 30mL 蒸馏烧瓶中,投入几粒沸石,安装好蒸馏装置。在电热套中缓慢地加热蒸馏,收集 70～80℃的馏出液。然后换一接收瓶继续蒸馏,收集 80～120℃的馏分以回收正丁醇。

　　产量:约 7g。

　　纯正丁醛为无色透明液体,沸点 75.7℃,d_4^{20}0.817。

　　实验所需时间:6～8h。

2.4.5　注意事项

　　(1) 正丁醛和水一起蒸出。正丁醛和水可以形成二元恒沸混合物,其沸点为 68℃,恒沸物含正丁醛 90.3%。正丁醇和水也形成二元恒沸混合物,其沸点为 93℃,恒沸物含正丁醇 55.5%。

　　(2) 绝大部分正丁醛应在 73～76℃馏出。正丁醛应装入棕色的磨口玻璃瓶内保存。

2.4.6　思考题

　　1. 本实验选择氧化剂时应注意什么问题?

　　2. 为什么本实验中正丁醛的产率可能不高?

　　3. 反应混合物如出现颜色的变化说明了什么问题?

实验 2.5　环己酮的制备

2.5.1　实验目的

　　1. 通过环己酮制备加深对氧化反应的理解;

　　2. 学习微型实验仪器的使用。

2.5.2　实验原理

　　醇类在氧化剂存在下通过氧化反应可被氧化为醛或酮。本实验采用属于仲醇的环己醇为反应物,由环己醇氧化后生成环己酮。

$$\text{环己醇} \xrightarrow[\text{Na}_2\text{Cr}_2\text{O}_7 + \text{H}_2\text{SO}_4]{\text{[O]}} \text{环己酮}$$

　　环己酮主要用于合成尼龙-6 或尼龙-66,还广泛用作溶剂,特别是因其对许多高聚物(如树脂、橡胶、涂料)有较优异的溶解性能而得到广泛的应用。在皮革工业中环己酮还被用作脱脂剂和洗涤剂。

2.5.3　仪器与试剂

仪器：三口瓶(100mL)、Y形管、温度计、恒压滴液漏斗、球形冷凝管、直形冷凝管、空气冷凝管、锥形瓶、电动搅拌器

试剂：硫酸、环己醇、重铬酸钠、草酸、氯化钠、无水碳酸钾

2.5.4　实验步骤

1. 半微量合成

在 100mL 三口瓶上分别装上电动搅拌器、温度计及 Y形管，在 Y形管上分别装上回流冷凝管和恒压滴液漏斗(图 2.5)。

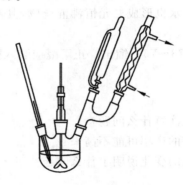

图 2.5　环己酮反应装置图

向反应瓶中加入 30mL 冰水，边摇边缓慢滴加 5mL 浓硫酸，充分摇匀，小心加入 5g(约5.25mL,50mmol)环己醇。在滴液漏斗中加入刚刚配好的重铬酸钠溶液(重铬酸钠应溶解，17.8mmolNa$_2$Cr$_2$O$_7$ · 2H$_2$O 溶解在 5mL 水中)。待反应瓶内的溶液温度降至 30℃以下后，开动搅拌器，将重铬酸钠水溶液缓慢滴入。

反应开始，混合物变热，橙红色的重铬酸钠溶液变成绿色。当温度达到 55℃时，控制滴加速度，维持温度在 55～60℃之间，加完后继续搅拌，直至温度自行下降。然后加入少量草酸(约 0.25g)，使溶液变成墨绿色，以消耗过量的重铬酸钠盐。

向反应瓶内加入 25mL 水，加 2 粒沸石，改为蒸馏装置，将环己酮和水一起蒸出，共沸蒸馏温度为 95℃，直至馏出液不再混浊，再多蒸出 5～7mL。向馏出液中加入氯化钠使溶液饱和，用分液漏斗分出有机层，用无水碳酸钾干燥有机相，采用常压空气冷凝进行蒸馏，收集150～156℃的馏分，产率约 60%。

2. 微型合成实验

在微型锥形瓶中放入约 3g 的碎冰，缓慢滴入 1mL 浓硫酸，混匀后小心加入 1.05mL(1g,0.01mol)的环己醇，振荡。在混合液中放入小型温度计，将混合液冷却至 30℃以下，然后边振荡边缓慢滴入重铬酸钠溶液(将 1.05g Na$_2$Cr$_2$O$_7$ · 2H$_2$O 溶于 0.6mL 水中)。此氧化反应为放热反应，滴加时混合液迅速升温，因此滴加速度要慢，5～10min 内滴完为好。混

合液会从橙色变为墨绿色。在反应过程中应通过控制滴加速度和进行冷水浴冷却等措施，使反应液温度控制在 50℃ 左右，甚至更低。加完重铬酸钠溶液后继续振荡，直至温度明显下降。加入 0.05g 草酸，以消耗过量的重铬酸盐。

将混合液移入微型烧瓶中，加入约 5mL 水及小粒沸石，装置成蒸馏装置。由于环己酮与水能形成二元恒沸物(含环己酮 38.4%，含水 61.6%)，其沸点为 95℃，可用热空气浴(直接用火隔着石棉网加热，石棉网与微型烧瓶间留一空隙)将环己酮与水一并蒸出。馏出液不再浑浊后再多收集 0.5～1mL 馏出液，总馏出液量为 2～2.5mL。在作为接收器的锥形瓶中加入氯化钠 0.75～1g 使溶液饱和，将溶液移至微型分液漏斗，静置分层，将有机层用吸管取出，用适量无水碳酸钾干燥。滤去干燥剂，即为环己酮产品。

环己酮为无色液体，有类似丙酮的气味，沸点为 155.7℃，n_D^{20} 为 1.4507，d_4^{20} 为 0.9478。图 2.6 为环己酮的红外光谱图。

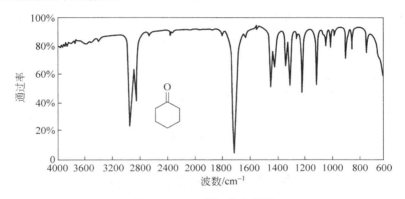

图 2.6　环己酮红外光谱图

2.5.5　注意事项

(1) 环己酮易燃，应注意防火。
(2) 水的馏出量不宜过多，否则即使使用盐析仍不可避免少量环己酮溶于水中。

2.5.6　思考题

1. 用同样的环己醇作原料，消去反应脱水得到环己烯，氧化反应用重铬酸盐作氧化剂氧化得到环己酮。如果用高锰酸钾作氧化剂，氧化的产物是否也是环己酮？为什么？
2. 滴加重铬酸盐溶液时控制滴加速度的目的是什么？
3. 本实验中为什么要用到草酸？
4. 产物的处理过程中为什么要向馏出液中加入氯化钠至饱和？
5. 试分析，本实验中哪些操作不当会明显影响产率？
6. 盐析的作用是什么？
7. 本实验中硫酸起什么作用？

附：醛和酮的化学性质

醛和酮可用相应的伯醇和仲醇适度氧化得到。在实验室中常用的氧化剂是重铬酸钠。

醛容易被进一步氧化,所以制备较低级的醛时,通常应将醛及时地从混合物中蒸出以避免继续氧化及发生其他的副反应。酮比醛稳定,可以留在反应混合物中,但必须严格控制好反应条件,勿使氧化反应进行得过于猛烈,否则产物将进一步遭受氧化而发生碳键断裂。

一级醇及二级醇在氧化剂作用下,被氧化生成醛、酮或羧酸。一级醇与一般氧化剂作用,反应均不能停留在醛的阶段,而是继续反应最终产生羧酸。但是在普菲茨纳(Pfitzner)-莫法特(Moffatt)试剂的作用下,可以得到产率非常高的醛。这个试剂是二甲基亚砜和二环己基碳二亚胺。

醇氧化常使用铬酸为氧化剂,在氧化过程中首先形成中间体酯,随后其断裂成产物和一个被还原了的无机物。在此反应中,铬从+6价被还原到不稳定的+4价状态,+4价和+6价铬之间迅速进行逆歧化形成+5价铬,同时继续氧化醇,最终生成稳定的深绿色的三价铬。利用这个反应可以检验一级醇和二级醇的存在。

制备醛和酮还可以用伯醇和仲醇在较高的温度(一般在450℃左右)进行催化脱氢,这是一个吸热反应。可用的催化剂种类很多,如锌、铬、锰、铜的氧化物,以及金属银、铜等。催化脱氢也不能将加入的醇全部转变为醛和酮,但可将产物和未反应的醇用分离方法分开。回收的醇可以重新作为脱氢原料。

环己酮不仅是重要的工业溶剂,也是重要的工业原料。在弱酸盐和碳酸钠、乙醇钠存在下,环己酮与羟胺盐酸盐很容易进行反应,得到环己酮肟。在多磷酸或磷酸作用下,环己酮肟进行贝克曼(Beckmann)重排,得到己内酰胺,进而得到聚己内酰胺。

实验 2.6　环己醇的制备

2.6.1　实验目的

1. 学习用硼氢化物还原环己酮制环己醇的方法;
2. 进一步熟练掌握萃取、蒸馏和减压蒸馏等操作技术。

2.6.2　实验原理

醇可以通过还原醛或酮而得到,且选用一般强度的还原剂即可。如用硼氢化钠为还原剂还原环己酮即可得到环己醇,反应可在醇溶液中进行。

2.6.3　仪器与试剂

仪器:圆底烧瓶、球形冷凝管、空气冷凝管、磁力搅拌器
试剂:环己酮、甲醇、硼氢化钠、二氯甲烷、无水硫酸钠

2.6.4 实验步骤

在装有回流冷凝管和磁力搅拌器的 25mL 圆底烧瓶中加入 0.784g(0.008mol)环己酮和 10mL 甲醇,摇匀,室温下分批加入 0.2g(0.005mol)硼氢化钠,充分搅拌使硼氢化钠完全溶解(约 20min),继续搅拌 0.5h,反应完毕后加入 5mL 水,混匀,换成蒸馏装置。水浴上蒸去甲醇,冷却后将残液倒入分液漏斗中,加入冰水冷却的 15mL 饱和食盐水,充分振摇,静置分出有机层,水层用 15mL 二氯甲烷萃取三次,合并有机层和萃取液,用无水硫酸钠干燥。滤去硫酸钠,先用水浴蒸去二氯甲烷,然后减压蒸馏环己醇,收集环己醇馏分。产量约 0.4g,沸点为 155.7℃,n_D^{20} 为 1.4650。

2.6.5 注意事项

(1) 实验中还原剂是过量的,以利反应彻底。
(2) 蒸馏出的甲醇、二氯甲烷等要收集回收。
(3) 水浴蒸馏时采用水冷凝管,减压蒸馏时采用空气冷凝管。
(4) 产物环己醇在低温下较黏稠甚至凝固,为便于取放,可适当温热。

2.6.6 思考题

1. 由环己酮还原成环己醇时,还可用什么还原剂?
2. 反应完毕后,为什么要加入冰冷的饱和食盐水?
3. 分出有机层后,为什么还要用二氯甲烷萃取水溶液?

实验 2.7 乙酸乙酯的制备

2.7.1 实验目的

1. 了解有机酸合成酯的一般原理及方法,加深对酯化反应的理解;
2. 进一步掌握蒸馏等技术。

2.7.2 实验原理

主反应：$CH_3COOH + C_2H_5OH \underset{H_2SO_4}{\overset{120\sim125℃}{\rightleftharpoons}} CH_3COOC_2H_5 + H_2O$

副反应：$2C_2H_5OH \xrightarrow{H_2SO_4} C_2H_5-O-C_2H_5 + H_2O$

2.7.3 仪器与试剂

仪器：100mL 三口瓶、滴液漏斗、冷凝管、烧杯、锥形瓶、弯管、尾接管、量筒
试剂：冰醋酸 14.3mL(15g,0.25mol)、乙醇(95%)23mL(约 0.37mol)、浓硫酸、饱和碳酸钠溶液、饱和氯化钙溶液、无水碳酸钾、饱和食盐水

2.7.4 实验步骤

在 100mL 三口烧瓶的中口装配一滴液漏斗,滴液漏斗的下端通过一橡皮管连接一个 J 形玻璃管,伸到烧瓶内距瓶底约 3mm 处,一侧口固定一温度计,另一侧口装配直形冷凝管,如图 2.7 所示。冷凝管末端连接一个接引管及接收瓶(锥形瓶或小烧瓶),锥形瓶用冰水浴冷却。在一小锥形瓶内放入 3mL 乙醇,一边摇动,一边缓慢地加入 3mL 浓硫酸,将此溶液倒入三口烧瓶中。用油浴加热烧瓶,保持油浴温度在 140℃ 左右,这时反应混合物的温度为 120℃ 左右。然后把滴液漏斗中的乙醇(20mL)和冰醋酸(14.3mL)的混合液缓慢地滴入三口瓶中。调节加料的速度,使和酯蒸出的速度大致相等,加料时间约 90min。此过程中保持反应混合物的温度为 120～125℃。滴加完毕后,继续加热约 10min,直至不再有液体馏出为止。反应完毕后,将饱和碳酸钠溶液很缓慢地加入馏出液中,直到无二氧化碳气体逸出为止。饱和碳酸钠溶液要小量分批的加入,并要不断地摇动接收器(为什么?)。把混合液倒入分液漏斗中,静置,放出下面水层。用石蕊试剂检验酯层,如果酯层仍显酸性,再用饱和碳酸钠溶液洗涤,直至酯层不显酸性为止。用等体积的饱和食盐水洗涤酯层(为什么?),再用等体积的饱和氯化钙溶液洗涤两次。放出下层废液。从分液漏斗上口将乙酸乙酯倒入干燥的小锥形瓶内,加入无水碳酸钾干燥。放置约 30min,在此期间要间歇振荡锥形瓶。

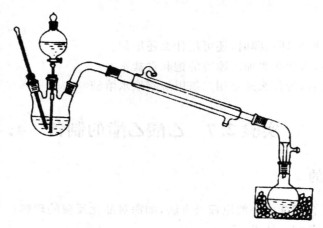

图 2.7 反应装置

通过长颈漏斗(漏斗上放折叠式滤纸)把干燥后的粗乙酸乙酯滤入 30mL 蒸馏烧瓶中。装配蒸馏装置,水浴加热蒸馏乙酸乙酯,收集 74～80℃ 馏分。

产量:14.5～16.5g。

纯乙酸乙酯是具有果香味的无色液体,沸点为 77.2℃,d_4^{20} 为 0.901。

实验所需时间:4h～6h。

2.7.5 注意事项

(1) 也可用电热套加热,保持反应混合物的温度为 120～125℃。

(2) 也可用无水硫酸镁作干燥剂。

(3) 乙酸乙酯与水形成沸点为 70.4℃ 的二元恒沸混合物(含水 8.1%);乙酸乙酯、乙醇与水形成沸点为 70.2℃ 的三元恒沸混合物(含乙醇 8.4%,水 9%)。如果在蒸馏前不把乙酸乙酯中的乙醇和水除尽,就会有较多的前馏分。

2.7.6　思考题

1. 在本实验中硫酸起什么作用?
2. 为什么要用过量的乙醇?
3. 蒸出的粗乙酸乙酯中主要有哪些杂质?
4. 能否用浓氢氧化钠溶液代替饱和碳酸钠溶液来洗涤蒸馏液?
5. 用氯化钙溶液洗涤,能除去什么? 为什么先要用饱和食盐水洗涤? 可否用水代替?

实验 2.8　　乙酰苯胺的制备

2.8.1　实验目的

1. 学习苯胺酰基化反应的原理和操作技能;
2. 掌握重结晶提纯有机物的方法及操作技术;
3. 了解酰基化反应在药物合成方面的一些知识。

2.8.2　实验原理

反应:$C_6H_5-NH_2+CH_3COOH \Longrightarrow C_6H_5-NHCO_2CH_3+H_2O$

2.8.3　仪器与试剂

仪器:分馏柱、锥形瓶、温度计、尾接管
试剂:苯胺 5mL(7.8g,0.13mol)、冰醋酸 7.4mL(7.8g,0.13mol)、锌粉、活性炭

2.8.4　实验步骤

在 25mL 锥形瓶上装一个分馏柱,柱顶插一支 150℃ 温度计,用一个小量筒收集馏出液(稀醋酸水溶液),如图 2.8 所示。在锥形瓶中放入 5mL 新蒸馏过的苯胺、7.4mL 冰醋酸和 0.1g 锌粉,摇匀,放在石棉网上用小火加热至沸腾。控制加热,使分馏柱柱顶温度(温度计读数)达到并保持在 105℃ 左右。经过 40～60min,反应所生产的水(含少量醋酸)可完全蒸出。当温度计的读数发生上下波动时(有时反应容器中有白雾出现),可认为反应达到终点,停止加热。

在不断搅拌下把反应混合物趁热以细流缓慢倒入盛有 100mL 水的烧杯中。继续剧烈搅拌,并冷却烧杯,使粗乙酰苯胺成细粒状完全析出。用布氏漏斗抽滤析出的固体。用玻璃瓶塞把固体压碎,再用 5～10mL 冷水洗涤以除去残留的酸液。把粗乙酰苯胺放入

图 2.8　分馏装置

150mL 热水中,加热至沸腾。如果仍有未溶解的油珠,需补加热水,直至油珠完全溶解为止。稍冷后加入约 0.5g 粉末状活性炭,用玻璃棒搅动并煮沸 1～2min。趁热用保温漏斗过滤或用预先加热的布氏漏斗减压过滤。冷却滤液,乙酰苯胺呈无色片状晶体析出。减压过滤,尽量以除去晶体中的水分。产物放在表面皿上晾干后测其熔点。

产量:约 5g。

纯乙酰苯胺是无色片状晶体,熔点 114℃。

实验所需要时间约:4h。

2.8.5 注意事项

(1) 久置的苯胺色深,会影响生成的乙酰苯胺的质量。

(2) 锌粉的作用是防止苯胺在反应过程中氧化。但必须注意,不能加得过多,否则会在后处理中出现不溶于水的氢氧化锌。新蒸馏过的苯胺也可以不加锌粉。

(3) 若将反应产物的液体直接冷却,产物易黏附在烧瓶上,不易处理。趁热倒入冷水中,则产物以固体形式在冷水中析出,操作方便易行。

(4) 可根据粗产品的量适当调整重结晶时水的用量。本实验重结晶时水的用量,最好使溶液在 80℃ 左右为饱和状态。

(5) 在加热溶解粗乙酰苯胺时,可能出现的油珠是熔融状态的含水的乙酰苯胺(83℃ 时含水 13%)。如果溶液温度在 83℃ 以下,溶液中未溶解的乙酰苯胺以固体存在。

(6) 乙酰苯胺在冷、热水中溶解度相差较大。不同温度下,乙酰苯胺在 100mL 水中的溶解度分别为(g/℃):0.46/20,0.48/25,0.56/50,3.45/80,5.5/100。在重结晶加热煮沸过程时,可能会蒸发掉一部分水,需随时补充热水。

(7) 不要在沸腾的溶液中加入活性炭,否则会引起突然暴沸,致使溶液冲出容器。

(8) 热过滤之前,应事先将布氏漏斗用铁夹夹住,倒悬在沸水浴上,利用水蒸气进行充分预热。这一步如果没有做好,乙酰苯胺晶体将在布氏漏斗内析出,引起操作上的麻烦并造成损失,吸滤瓶也应放在热水浴中预热,但不可直接放在石棉网上加热。

2.8.6 思考题

1. 还可以用什么方法由苯胺制取乙酰苯胺?

2. 在重结晶操作时,必须注意哪几点才能使产物产率高,质量好?

3. 试计算重结晶时留在母液中的乙酰苯胺的量,并与产物量对比,考查溶解损失。

4. 为什么要严格控制温度?

5. 常用的乙酰化试剂有哪些?请比较它们的乙酰化能力。

实验 2.9 季铵盐的制备和性质研究

2.9.1 实验目的

1. 学习用卤代烷与胺反应制备溴化四乙基铵的方法;

2. 掌握反应原理及回流干燥技能；

3. 用自制产物进行季铵盐的化学性质实验。

2.9.2　实验原理

反应：$(C_2H_5)_3N + C_2H_5Br \longrightarrow (C_2H_5)_4NBr$

2.9.3　仪器与试剂

仪器：圆底烧瓶(50mL)、毛细管、球形冷凝管、干燥管

试剂：三乙胺 13.8mL(10.1g，0.1mol)、溴乙烷 8.3mL(12.1g，0.12mol)、2%硝酸银溶液、5%氢氧化钠溶液、氯化钙

2.9.4　实验步骤

在 50mL 圆底烧瓶中放入 13.8mL 三乙胺和 8.3mL 溴乙烷，投入几根上端封闭的毛细管，其上端斜靠在瓶颈内壁上。装配回流冷凝管，上端装配一氯化钙干燥管，以防止空气中潮气侵入(图 2.9)。用小火加热回流 6h，控制回流速度每秒钟 1～2 滴，并间歇摇动烧瓶。停止加热，冷却反应物。待固体产物析出后抽滤，用玻璃瓶塞尽量挤压去液体，得无色季铵盐，产物约 6.5g。把季铵盐放入带橡皮塞的广口瓶里。试剂瓶最好保存在内放硅胶的干燥器里。

在试管中放入 2mL 2%硝酸银溶液，滴加 5%氢氧化钠溶液至不再生成沉淀为止。将析出的湿氧化银过滤，用蒸馏水多次洗涤，直至洗涤液不呈碱性(对酚酞试纸)。然后把湿氧化银分装在两个试管中，各加 1～2 滴酚酞指示剂。在一个试管中加入少量自制的溴化四乙基铵，振荡。比较两个试管中的液体和固体的颜色有何不同？在 pH 试纸上各滴一滴，有何不同？用百里酚酞试剂检验，有何不同？

图 2.9　回馏装置

2.9.5　注意事项

(1) 除反应物三乙胺和溴乙烷外，也可以加入乙醇作为反应介质。

(2) 反应过程也可以是把三乙胺和溴乙烷充分混合后，塞紧瓶塞，放置一个星期，季铵盐成为沉淀析出。

2.9.6　思考题

1. 还可以用什么方法制备季铵盐？

2. 试写出季铵盐转化为季铵碱的全部反应。

实验 2.10 肉桂酸的制备

2.10.1 实验目的

1. 了解肉桂酸的制备原理和方法;
2. 掌握回流、水蒸气蒸馏等操作。

2.10.2 实验原理

反应:

$$\text{C}_6\text{H}_5\text{—CHO} + (\text{CH}_3\text{CO})_2\text{O} \xrightarrow[150\sim170℃]{\text{CH}_3\text{COOK}} \text{C}_6\text{H}_5\text{—CH=CHCOOH} + \text{CH}_3\text{COOH}$$

2.10.3 仪器与试剂

仪器:梨形烧瓶、温度计、空气冷凝管

试剂:苯甲醛 3mL(3.2g,0.03mol)、无水醋酸钾 3g(0.03mol)、乙酐 5.5mL(6g,0.06mol)、饱和碳酸钠溶液、浓盐酸、活性炭

2.10.4 实验步骤

在干燥的 50mL 梨形烧瓶中放入 3g 新熔融并研细(放入蒸发皿中在电炉或电热套上使其熔化,取下研细,及时放入三口瓶中)的无水醋酸钾粉末、3mL 新蒸馏过的苯甲醛和 5.5mL 乙酐,振荡使三者混合。烧瓶口装一个二口连接管,正口装一支 250℃温度计,其水银球插入反应物液面下,但不要碰到瓶底,侧口装配空气冷凝器。加热回流 1h,反应的温度保持在 150~170℃。

将反应混合物趁热(100℃左右)倒入盛有 25mL 水的 250mL 圆底烧瓶内。用 20mL 热水分两次洗涤原烧瓶,洗液均倒入 250mL 圆底烧瓶内,然后缓慢地加入饱和碳酸钠溶液进行中和,直至反应物呈碱性,pH=8。然后进行水蒸气蒸馏直至馏出液中无油珠为止(馏出物倒入指定的回收瓶内)。

稍冷后,向剩余溶液中加入少许活性炭,加热煮沸 10min,趁热过滤,将滤液小心地用浓盐酸酸化,使呈明显酸性,再用冷水冷却。待肉桂酸完全析出后,减压过滤。晶体用少量水洗涤,产物可在 30%乙醇中进行重结晶,也可以用其他溶剂。

产量:2~2.5g。肉桂酸(cinnamic acid)有顺反异构体,通常以反式形式存在,为白色晶体,熔点为 135~136℃,d_4^{20} 为 1.245。

2.10.5 注意事项

(1)无水醋酸钾也可以用等物质的量的无水醋酸钠或无水碳酸钾代替,其他步骤完全相同。在熔融无水醋酸钾时,应不断搅拌使水分尽快蒸发,同时,防止碳化变黑。

(2)久置的苯甲醛含苯甲酸,故需蒸馏提纯。苯甲酸混入产品中不易去除,影响产品纯

度,故在使用前应将其去除。

（3）开始加热不要过猛,以防醋酸酐受热分解而挥发,白色烟雾不要超过空气冷凝器高度的 1/3。

（4）在以产物中的酸性物质进行中和时,碳酸钠不能用氢氧化钠代替。

（5）肉桂酸溶解度,参见下表。

温度/℃	$n_D^{20} 1.4507$ （g/100g 水）	肉桂酸溶解度 （g/100g 无水乙醇）	肉桂酸溶解度 （g/100g 糠醛）
0			0.6
25	0.06	22.03	4.1
40			10.9

2.10.6　思考题

1. 具有何种结构的醛能进行珀金反应?
2. 为什么不能用氢氧化钠代替碳酸钠溶液来中和水溶液?
3. 本实验用水蒸气蒸馏的目的是什么? 用水蒸气蒸馏除去什么? 如何判断蒸馏终点?

实验 2.11　皂 化 反 应

2.11.1　实验目的

1. 掌握肥皂的制备方法,复习回流操作;
2. 掌握肥皂的化学性质。

2.11.2　实验原理

皂化反应是碱催化下的酯水解反应,尤指油脂的水解。

狭义地讲,皂化反应仅限于油脂与氢氧化钠混合,得到高级脂肪酸的钠盐和甘油的反应。这个反应是制造肥皂的基本反应,因此而得名。

脂肪和植物油的主要成分是甘油三酯,它们在碱性条件下水解的方程式为

$$\begin{array}{l} CH_2OCOR \\ | \\ CHOCOR' \quad + 3NaOH \xrightarrow{\triangle} R(R',R'')—COONa + CH_2OH—CHOH—CH_2OH \\ | \\ CH_2OCOR'' \end{array}$$

R—COONa 等都可以做肥皂。

向水解液中加入氯化钠可以分离出脂肪酸钠,这一过程是利用了盐析作用。高级脂肪酸钠是肥皂的主要成分,经添加剂处理可得市售肥皂。

2.11.3　仪器与试剂

仪器：圆底烧瓶、球形冷凝管

试剂：豆油、95％乙醇、30％氢氧化钠溶液、饱和食盐水

2.11.4　实验步骤

1. 油脂的皂化——肥皂的制备

称取 3～5g 豆油或其他油脂于 50mL 烧瓶中，加入 6mL 质量分数 95％乙醇及 10mL 质量分数 30％氢氧化钠溶液，如氢氧化钠滴在瓶口处，应擦干净，否则反应完后，磨口冷凝管难以取下。装一球形冷凝管，接通冷凝水，放在电热套或石棉网上小火加热回馏 30min，检查皂化是否完全。

检查方法：取出几滴皂化液放在试管里，加入 5～6mL 蒸馏水，加热振荡，如果没有油脂分出表示皂化完全。

待皂化完全后，拆除装置，将皂化液倒入一个盛有 30mL 饱和食盐水的小烧杯里，边倒边搅拌，就会有一层肥皂浮到溶液的表面。冷却后，将析出的湿肥皂减压过滤（或将析出的肥皂用布过滤拧干），滤渣即肥皂，所得滤液可用于做鉴别甘油的实验。

2. 肥皂的性质研究

取一个小烧杯加入少量制得的肥皂，再加入 20mL 蒸馏水，在沸水浴中稍稍加热，并用玻璃棒搅拌使其溶解成为均匀的肥皂水溶液，待用。

（1）取一支试管加入 1～3mL 肥皂水溶液，在玻璃棒搅拌下徐徐滴入 5～10 滴 10％盐酸，观察有何现象发生。

（2）取两支试管，各加入 1～3mL 肥皂水溶液，再分别加入 5～10 滴 10％氯化镁（或硫酸镁）和氯化钙溶液，观察有何结果。

3. 油脂中甘油的检查

取 2 支干净试管，一支加入 1mL 上述滤液，另一支试管加入 1mL 水做空白试验。然后同时在 2 支试管中分别加入 5 滴 5％氢氧化钠溶液及 3 滴 5％硫酸铜溶液，比较两支试管中颜色有何区别。

4. 油脂不饱和度的比较

（1）取两支干燥的试管，分别滴入 2 滴豆油（或用粗脂肪的浓缩液）和桐油，并加入 10 滴四氯化碳，摇动试管。待油溶解后，分别加入 3％溴的四氯化碳溶液，边滴边摇动，直至橙黄色褪去为止。记下每只试管所加入溴的四氯化碳的滴数，比较两者不饱和程度的大小。

（2）取 2 只试管，编号 1、2，各加入 2mL 氯仿，再向 1 号管中加入一滴豆油（或用粗脂肪浓缩液），向 2 号管中加入 1 滴熔化的猪油（量基本相等），摇动均匀，使其完全溶解。分别向两支试管中各加入 30 滴碘液，边滴边摇动试管，放入约 50℃ 的水浴中保温，不断摇动。观察两支试管中溶液颜色的变化。待颜色呈现明显的差别后，再向 1 号管中继续加入碘液，边加边摇，保温，直至两个试管中的颜色相同为止。记下向 1 号管中补加碘液的滴数。为了便于比较两管中溶液颜色，向 2 号管中加入同样滴数的 95％乙醇使它们的体积相等，比较两管达到颜色相同时加入碘液的数量，并解释实验结果。

2.11.5　思考题

1. 在油脂的皂化反应中,氢氧化钠、乙醇和氯化钠各起什么作用?
2. 肥皂性质的实验现象说明了什么问题?

实验 2.12　乙酰水杨酸(阿司匹林)的合成

2.12.1　实验目的

1. 学习乙酰水杨酸的制备方法;
2. 复习重结晶、减压抽滤的提纯技能。

2.12.2　实验原理

反应式:

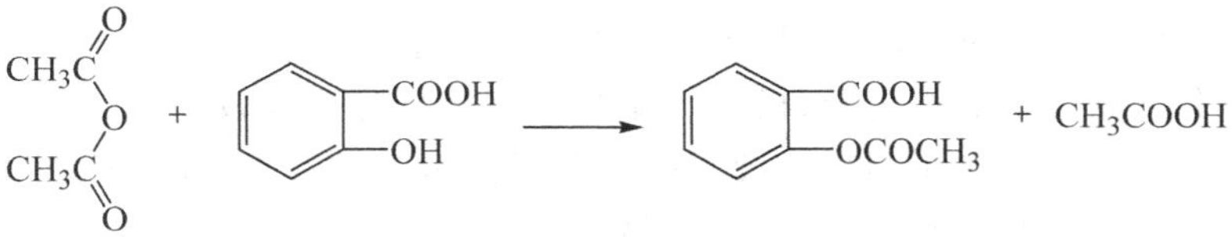

水杨酸是 1838 年第一次由强碱作用于相应的醛后经酸化得到的一种化合物。1859 年 Kölbe 使用干燥的苯酚钠盐粉末和二氧化碳在 4～7atm(1atm＝101.325kPa)下进行反应,制备廉价的水杨酸,现在工业上都用 Kölbe 合成法生产。水杨酸可以止痛,常用于治疗风湿病和关节炎。水杨酸是一种具有双官能团的化合物,一个是酚羟基,一个是羧基,反应过程中可能会有少量的聚合物杂质产生。

乙酰水杨酸(acetyl salicylic acid),即阿司匹林(Aspirin)是一种常用的治疗感冒的药物,有解热止痛的效用,同时还可软化血管。

2.12.3　仪器与试剂

仪器:锥形瓶、恒温水浴箱、制冰机

试剂:水杨酸、乙酸酐、硫酸

2.12.4　实验步骤

1. 常量方法

在 50mL 的锥形瓶中放置 6.3g(0.045mol)干燥的水杨酸和 9.5g(约 9mL,0.09mol)的乙酸酐(水杨酸应当干燥,乙酸酐应当是新蒸的,139～140℃的馏分)。然后加 10 滴浓硫酸,充分摇动,水浴加热,水杨酸立即溶解,保持瓶内温度在 75℃左右(反应温度不宜过高,否则将增加副产物的生成,如水杨酰水杨酸酯、乙酰水杨酰水杨酸酯等),维持 20min,并适加振摇。稍微冷却后,在不断搅拌下倒入 100mL 冷水中,并用冰水冷却 10min,抽滤。乙酰水杨酸粗产品用冰水洗涤两次,烘干即得乙酰水杨酸,重约 7.6g(产率约 92.5％)。

此产品可用乙醇-水进行重结晶。重结晶产品约 6.5g,熔点 134～136℃。乙酰水杨酸易受热分解,因此熔点不是很明显,它的分解温度为 128～135℃。纯乙酰水杨酸熔点为 136℃。在测定熔点时,可先将热载体加热至 120℃ 左右,然后放入样品测定。

2. 半微量合成

取 1g(7mmol)水杨酸放入 50mL 的锥形瓶中,缓慢加入 2.5mL(26.5mmol)醋酸酐,用滴管加入 85％磷酸(或浓硫酸)3 滴,摇动使水杨酸溶解,水浴加热(90℃)5～10min 后冷却至室温,即有乙酰水杨酸晶体析出。若无晶体析出,可用玻璃棒摩擦瓶壁促使结晶,或放入冰水中冷却,或采用借晶种的方法。晶体析出后,再加 25mL 水,继续在冰水浴中冷却,使晶体完全析出。抽滤,用少量水洗涤晶体,完全抽干后在红外灯下烘干。产品可用 1％的三氯化铁溶液检验是否有酚羟基存在。产率约 80％,熔点 134～136℃。

2.12.5 注意事项

(1) 此反应仪器应经过干燥处理,药品也要事先经过干燥处理。

(2) 由于分子内氢键的作用,水杨酸与醋酸酐直接反应需在较高温度(150～160℃)才能生成乙酰水杨酸。加入酸的目的主要是破坏分子内氢键的存在,使反应在较低的温度下(90℃)就可以进行,而且可以大大减少副产物,因此实验中要注意控制温度。

(3) 粗产品可用乙醇-水,1∶1(体积比)的盐酸溶液,或苯和石油醚(30～60℃)的混合溶剂进行重结晶。

(4) 乙酰水杨酸受热后易发生分解,分解温度为 126～135℃,因此在烘干、重结晶、熔点测定时均不宜长时间加热。

(5) 如粗产品中混有水杨酸,用 1％三氯化铁检验时会显紫色。

2.12.6 思考题

1. 在硫酸存在下,水杨酸与乙醇作用会得到什么产品?
2. 醇、酚、糖的酯化有什么不同?
3. 本实验中可产生哪些副产物?
4. 通过什么样的简单方法可以鉴定出阿司匹林是否变质?
5. 反应时加入浓酸有什么作用?

实验 2.13　8-羟基喹啉制备

2.13.1 实验目的

1. 学习利用 Skraup 反应制备喹啉衍生物的方法原理;
2. 进一步学习掌握水蒸气蒸馏提纯有机物的方法。

2.13.2　实验原理

喹啉及其衍生物可以通过苯胺或其衍生物与无水甘油、浓硫酸及弱氧化剂如芳香硝基化合物、间硝基苯磺酸或砷酸等一起加热制得。这一反应称作 Skraup 反应,适合大多数的芳香胺类。硫酸的作用是使甘油脱水成丙烯醛,并使苯胺(或其衍生物)与丙烯醛的加成物脱水成环,硝基苯等弱氧化剂则进一步将此产物氧化成喹啉或其衍生物。反应式如下:

$$
\text{（2-氨基苯酚）} + \begin{array}{l} CH_2OH \\ CHOH \\ CH_2OH \end{array} \xrightarrow[\text{（2-硝基苯酚）}]{H_2SO_4} \text{（8-羟基喹啉）}
$$

2.13.3　仪器与试剂

仪器:圆底烧瓶、球形冷凝管、抽滤装置

试剂:无水甘油、邻氨基苯酚、邻硝基苯酚、浓硫酸、氢氧化钠、碳酸钠、95％乙醇

2.13.4　实验步骤

在 250mL 圆底烧瓶中加入 19g(约 15mL,0.2mol)无水甘油,再依次加 2g 七水硫酸亚铁,5.5g 邻氨基苯酚(0.05mol)及 3.6g 邻硝基苯酚,并放入几粒沸石,摇动使反应物混合均匀。在冷却下缓慢加入 9mL 浓硫酸,摇匀后装球形冷凝管。在摇动下用小火加热,当溶液微沸时,立即移去热源。反应大量放热,会导致剧烈沸腾,要注意安全。待反应缓和后,继续加热,保持反应物微沸 2h～2.5h。

稍冷后,进行水蒸气蒸馏,除去未反应的邻硝基苯酚,直到馏出液不显混浊为止。瓶内液体冷却后,缓慢加入氢氧化钠溶液(12g 氢氧化钠溶于 12mL 水中所得溶液),稍冷后摇匀,再小心滴加饱和碳酸钠溶液,使呈中性。再进行水蒸气蒸馏,蒸出 8-羟基喹啉。馏出液充分冷却后(8-羟基喹啉难溶于冷水),抽滤收集析出物,洗涤干燥后,得粗产物。

粗产物用乙醇-水混合溶剂重结晶。还可以取 0.5g 粗产品进行升华,可得针状结晶。

8-羟基喹啉的熔点为 75～76℃。

2.13.5　注意事项

(1)甘油常温下是黏稠液体,若用量筒量取时应注意转移中的损失,最好用称量的方法直接称入反应瓶中。

(2)试剂须按顺序加入,以免反应过于激烈。

(3)反应为放热反应,呈现微沸,表示反应已经开始,自身放热可使反应持续,如继续加热,则反应会过于激烈,会使溶液上冲。

(4)为确保产物蒸出,在水蒸气蒸馏后,对残液 pH 再进行一次检查,必要时可再进行一次水蒸气蒸馏。

（5）产率以开始时邻氨基苯酚计算，不考虑邻硝基苯酚部分转化后参与反应的量。

2.13.6　思考题

1. 为什么第一次水蒸气蒸馏在酸性条件下进行，而第二次须在中性条件下进行？
2. 具有什么条件的固体有机化合物，可以用升华的方法进行提纯？
3. 在进行升华操作时，为什么只能用小火缓慢加热？

第 3 章

综合性实验

实验 3.1　从茶叶中提取咖啡因

3.1.1　实验目的

1. 了解从茶叶中提取咖啡因的原理和方法,加深对天然产物分离提取的理解认识;
2. 初步掌握升华法提取有机物的技术;
3. 加深对萃取、回流、蒸馏等技术的理解;
4. 初步培养综合实验的能力。

3.1.2　实验原理

茶叶中含有多种生物碱、丹宁酸、茶多酚、纤维素和蛋白质等物质。咖啡因(caffeine)又名咖啡碱,是茶叶中一种主要的生物碱,它是具有绢丝光泽的无色针状结晶,含有一个结晶水,100℃失去结晶水,178℃升华,无水物的熔点为 235℃,是弱碱性物质,味苦。易溶于热水(80℃)、乙醇、丙酮、二氯甲烷、氯仿,难溶于石油醚。在茶叶中含量为 1%～5%,属于杂环化合物嘌呤的衍生物,咖啡因的学名为 1,3,7-三甲基-2,6-二氧嘌呤,结构式如下:

| 嘌呤 | 咖啡因 | 可可豆碱 | 茶碱 |

1,3,7-三甲基-2,6-二氧嘌呤在 178℃可升华为针状结晶。咖啡因不仅可以通过测定熔点和用光谱法加以鉴别,还可以通过制备咖啡因水杨酸盐衍生物进一步得以确认。作为弱碱性化合物,咖啡因可与水杨酸作用生成熔点为 137℃的水杨酸盐。

| 咖啡因 | 水杨酸 | 咖啡因水杨酸盐 |

茶叶中的生物碱对人体具有一定程度的药理功能。咖啡因有强心作用,可兴奋神经中枢。咖啡碱、茶碱和可可豆碱可用提取或合成的方法获得,本实验是用提取法从茶叶中提取咖啡因。

3.1.3　仪器与试剂

仪器:索氏提取器、滤纸、蒸馏装置、升华装置

试剂:95％乙醇、氧化钙

3.1.4　实验步骤

1. 咖啡因提取方法

1) 方法一

称取 10g 茶叶末放入 150mL 索氏提取器的滤纸筒中,在圆底烧瓶中加入 80～100mL 95％乙醇,水浴加热回流提取(见图 3.1),直到提取液颜色很浅或无色时为止(2～3h),待最后一次的冷凝液刚刚虹吸下去时即停止加热,取下烧瓶。然后改成蒸馏装置,把提取液中的大部分乙醇蒸出(回收),并趁热把瓶中剩余液倒入蒸发皿中,留作下步焙干及升华提取咖啡因用。

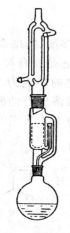

图 3.1　索氏提取器

2) 方法二

在 250mL 烧杯中加入 100mL 水和粉末状碳酸钙。称取 10g 茶叶,用纱布包好后放入烧杯中煮沸 30min,提取茶叶,趁热抽滤,压干,滤液冷却后用 15mL 氯仿分两次萃取,萃取液合并(萃取液若浑浊,色较浅,则加入少量蒸馏水洗涤至澄清),留作升华实验用。

2. 提取液咖啡因的定性检验

取样品液两滴于干燥的白色瓷板(或白色点滴板)上,喷上酸性碘-碘化钾试剂,可见到棕色、红紫色和蓝紫色化合物生成。棕色显示有咖啡因存在,红紫色显示有茶碱存在,蓝紫色显示有可可豆碱存在。

3. 焙干及升华

向装有方法一提取液的蒸发皿中加入 4g 生石灰粉,搅成浆状,在蒸汽浴上蒸干,除去水分,使成粉状(不断搅拌,压碎块状物),然后移至石棉网上用小火加热。焙炒片刻,除净水分。在蒸发皿上盖一张刺有许多小孔且孔刺向上的滤纸,再在滤纸上罩一个大小合适的漏斗,漏斗颈部塞一团疏松的棉花,如图 3.2 所示。

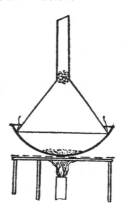

图 3.2　升华

用酒精灯隔着石棉网小心加热,或者用其他热源,适当控制温度,尽可能使升华速度较慢,当发现有棕色烟雾时即升华完毕,关火,稍冷,小心取下漏斗,轻轻揭开滤纸,用刮刀小心将附在滤纸上下两面的咖啡因刮下,残渣经搅拌后,用较大的火再加热片刻,使升华完全。合并几次升华的咖啡因,称量质量,计算该茶叶中咖啡因的含量。

产量:约 0.1g。

用方法二提取液做升华实验,其步骤同上,但要在通风橱进行。

4. 咖啡因检测

(1) 可以测定熔点,进行红外光谱的测定并与标准品进行比较。

(2) 咖啡因水杨酸盐衍生物的制备:在试管中加入 50mg 咖啡因、37mg 水杨酸和 4mL 甲苯。在水浴上加热振荡使其溶解,然后加入 1mL 石油醚(60～90℃)在冰浴中冷却结晶。过滤收集产物,测定熔点。纯盐的熔点为 137℃。

实验所需时间:5～6h。

3.1.5　注意事项

(1) 滤纸筒的大小要紧贴器壁,即能取放方便,其高度又不能超过虹吸管,过高的部分可向内折一折,滤纸包茶叶时要严密,纸套上面要折成凹形。

(2) 方法二的提取率要比方法一低些。

(3) 生石灰起中和作用,以除去丹宁等酸性物质。

(4) 如水分未能除净,将会在下一步加热升华时在漏斗内出现水珠。若遇此情况,则用滤纸迅速擦干漏斗内的水珠并迅速升华。

（5）升华操作是实验成败的关键。在升华过程中始终都须严格控制温度,温度太高会使被烘物质冒烟碳化,导致产品不纯和损失。

（6）升华加热之后,应注意防止残渣着火。

3.1.6　思考题

1. 升华时应注意什么问题?
2. 除了用升华法提纯咖啡因外,还可用何种方案? 试写出实验方案。
3. 提取咖啡因时加入氧化钙起什么作用?

实验 3.2　复方阿司匹林成分分析

3.2.1　实验目的

1. 学会 730 型紫外分光光度计的使用方法;
2. 掌握用分光光度计测测多组分混合物各组分含量的分析方法。

3.2.2　仪器与试剂

仪器:730 型紫外分光光度计、石英比色皿（1cm）、容量瓶（50mL）3 个、移液管（10mL）2 支

试剂:标准非那西汀溶液（10mg·L^{-1}）、标准咖啡因溶液（10mg·L^{-1}）、标准阿司匹林溶液（100mg·L^{-1}）、氯仿、40%NaCO$_3$ 溶液、稀 H$_2$SO$_4$（3mol·L^{-1}）

3.2.3　实验原理

利用紫外分光光度计测定试样中某组分含量时,其原理与一般比色分析相同:即将待测试样的纯品配成一系列标准溶液,事先绘制紫外吸收曲线,找出最大吸收波长 λ_{max}。然后在该波长下测试一系列不同浓度的标准溶液的光密度。以光密度为纵坐标,浓度为横坐标绘出标准曲线。由未知样品溶液测得的光密度与标准曲线对照,就可以找出其含量。当需测定混合物中几个组分的含量时,如果这些组分的 λ_{max} 互相不重叠,则可按程序逐一在各自不同的 λ_{max} 处分别测得各组分含量。如果这些组分的 λ_{max} 有一定的重叠而彼此干扰时,则用解联立方程的方法:设混合物含有 A、B、C 三个待测组分,则事先用 A、B、C 三种纯样品的标准液分别求出它们的最大吸收峰（尽可能重叠较小的峰）,波长为 λ_1、λ_2 和 λ_3。在这 3 种波长下各求得 A、B、C 组分消光系数 $K_{\lambda_1}^A$、$K_{\lambda_2}^A$、$K_{\lambda_3}^A$、$K_{\lambda_1}^B$、$K_{\lambda_2}^B$、$K_{\lambda_3}^B$、$K_{\lambda_1}^C$、$K_{\lambda_2}^C$、$K_{\lambda_3}^C$。若测得未知样溶液在 3 种波长的光密度 $D_{\lambda_1}^M$、$D_{\lambda_2}^M$、$D_{\lambda_3}^M$;则试样中 A、B、C 组分浓度 c^A、c^B、c^C 可由下列 3 个联立方程求出:

$$D_{\lambda_1}^M = K_{\lambda_1}^A c^A + K_{\lambda_1}^B c^B + K_{\lambda_1}^C c^C \tag{1}$$

$$D_{\lambda_2}^M = K_{\lambda_2}^A c^A + K_{\lambda_2}^B c^B + K_{\lambda_2}^C c^C \tag{2}$$

$$D_{\lambda_3}^M = K_{\lambda_3}^A c^A + K_{\lambda_3}^B c^B + K_{\lambda_3}^C c^C \tag{3}$$

复方阿司匹林含 3 种成分,它们的结构式及最大吸收峰波长为

阿司匹林 (A) $\lambda_1 = 277\text{nm}$

咖啡因 (B) $\lambda_2 = 275\text{nm}$

非那西汀 (C) $\lambda_3 = 250\text{nm}$

因为阿司匹林和咖啡因的 $\lambda_{\max}$ 相重叠,若用以上解联立方程求它们的浓度,则误差太大。必须事先分离,本实验用氯仿萃取分离的方法;而咖啡因与那西汀的 $\lambda_{\max}$ 相距较远,重叠不严重,不必事先分离,可直接采用上述解联立方程的方法求出它们的含量。

3.2.4 实验步骤

首先取阿司匹林、非那西汀和咖啡因 3 种成分的纯样品各配成标准氯仿溶液。

(1) 标准阿司匹林溶液的浓度为 $100\text{mg} \cdot \text{L}^{-1}$,在 $\lambda_1 = 277\text{nm}$ 下测光密度 $D_{\lambda_1}^{\text{A}}$;

(2) 标准咖啡因溶液的浓度为 $100\text{mg} \cdot \text{L}^{-1}$,在 $\lambda_2 = 275\text{nm}$ 下测光密度 $D_{\lambda_2}^{\text{B}}$;在 $\lambda_3 = 250\text{nm}$ 下测光密度 $D_{\lambda_3}^{\text{B}}$;则 $K_{\lambda_2}^{\text{B}} = D_{\lambda_2}^{\text{B}}/100$;$K_{\lambda_3}^{\text{B}} = D_{\lambda_3}^{\text{B}}/100$;

(3) 标准非那西汀溶液的浓度为 $100\text{mg} \cdot \text{L}^{-1}$,在 $\lambda_2 = 275\text{nm}$ 下测光密度 $D_{\lambda_2}^{\text{C}}$;在 $\lambda_3 = 250\text{nm}$ 下测光密度 $D_{\lambda_3}^{\text{C}}$;则 $K_{\lambda_2}^{\text{C}} = D_{\lambda_2}^{\text{C}}/100$;$K_{\lambda_3}^{\text{C}} = D_{\lambda_3}^{\text{C}}/100$。

混合样品中的阿司匹林是一种羧酸,能溶于碳酸钠水溶液,而中性的非那西汀及咖啡因则不能。顺序如下:将待分离的药片粉碎并溶于氯仿中,用 4% 的碳酸钠水溶液萃取 2 次,用水洗涤 1 次,合并水层。阿司匹林进入水层后,非那西汀及咖啡因留在氯仿中。再用氯仿洗涤阿司匹林萃取液三次,提取水中残留的非那西汀及咖啡因,合并氯仿层并过滤到 250mL 容量瓶中,用氯仿稀释至刻度,取 1mL 该溶液到 100mL 容量瓶中。用氯仿稀释至刻度,取此溶液在 275nm 和 250nm 测光密度,分别记为 $D_{\lambda_2}^{\text{M}}$ 和 $D_{\lambda_3}^{\text{M}}$。水层用稀硫酸酸化($\text{pH} \approx 2$)并用氯仿萃取后,将萃取液转入 100mL 容量瓶,以氯仿稀释至刻度,在 277nm 波长下测其光密度。

3.2.5 实验结果计算

阿司匹林含量:

$$c_{\text{A}} = D_{\text{X}} \times 100/D_{\lambda_1}^{\text{A}}$$

式中,D_{X}——未知样品光密度,$D_{\lambda_1}^{\text{A}}$——上述 $100\text{mg} \cdot \text{L}^{-1}$ 标准阿司匹林溶液样品光密度。

咖啡因和非那西汀的浓度 c^{B} 和 c^{C} 可解下列联立方程求得。

$$D_{\lambda_2}^{\text{M}} = K_{\lambda_2}^{\text{B}} c^{\text{B}} + K_{\lambda_2}^{\text{C}} c^{\text{C}} \tag{4}$$

$$D_{\lambda_3}^M = K_{\lambda_3}^B c^B + K_{\lambda_3}^C c^C \qquad (5)$$

式中，$D_{\lambda_2}^M$、$D_{\lambda_3}^M$——咖啡因和非那西汀混合未知样品在 $\lambda_2 = 275\,nm$、$\lambda_3 = 250\,nm$ 波长下的光密度，$K_{\lambda_3}^B$、$K_{\lambda_3}^C$、$K_{\lambda_3}^B$、$K_{\lambda_3}^C$——上述 $100\,mg \cdot L^{-1}$ 标准咖啡因（B）和非那西汀（C）溶液样品分别在 $\lambda_2 = 275\,nm$、$\lambda_3 = 250\,nm$ 波长下的消光系数。

3.2.6 思考题

1. 对混合物组分含量进行测定时，如果这些组分的 λ_{max} 互相重叠，如何对测定样品进行处理？

2. 在萃取分离后，配制样品的阿司匹林待测液的操作与非那西汀待测液有什么不同？为什么？

实验 3.3　平面镜的制作

3.3.1 实验目的

1. 通过平面镜的制作，加深对醛及单糖的还原性、双糖水解等理论知识的理解；
2. 了解平面镜的制作及有关玻璃镀银工艺的生产过程与发展情况；
3. 了解单糖化合物的一些重要性质和鉴定方法。

3.3.2 实验原理

工业上平面镜制作及热水瓶胆等玻璃镀银工艺，是利用具还原性的化合物（如醛、单糖、酒石酸钾钠盐等）将银氨络合离子还原，使其中的金属银以紧密排列成银箔的方式附着于洁净的玻璃表面形成银镜。

$$AgNO_3 + 3NH_4OH \longrightarrow [Ag(NH_3)_2]^+ OH^- + NH_4NO_3 + 2H_2O$$

$$R—CHO + 2[Ag(NH_3)_2]^+ OH^- \longrightarrow 2Ag\downarrow + RCOONH_4 + 3NH_3 + H_2O$$

或

$$C_6H_{12}O_6 + 2[Ag(NH_3)_2]^+ OH^- \longrightarrow 2Ag\downarrow + C_6H_{12}O_7NH_4 + 3NH_3 + H_2O$$

由于葡萄糖的价格较贵，目前许多制镜均采用廉价的蔗糖（白砂糖）为原料。蔗糖经酸水解，可以得到两分子均具还原性的单糖（葡萄糖和果糖）：

$$C_{12}H_{22}O_{11} \xrightarrow{H_2O/H^+} C_6H_{12}O_6 + C_6H_{12}O_6$$
蔗糖　　　　　　　葡萄糖　　果糖

上述反应在实际生产过程中，由于种种原因，银在镜面上的析出率往往低于 40%。为了提高银在镜面上的析出率，常增加几种添加剂，如 5% 碘的酒精溶液（加入量控制在 $0.05 \sim 0.08\,mL$）、微量的 KCl 和明胶，主要是增加银在镜面上的附着力。

为了使金属银能在镜面上均匀析出并牢固附着，除了要用酸碱处理、洗涤，使镜面清洁外，还要对镜面进行"敏化"处理。其原因在于，镜面的硅酸钠经酸碱处理时一部分成为硅酸。当镀银时，银与硅酸交换速度较慢，而镀液中的碱离子与硅酸交换速度很快，这种活性的差异影响了镀层的均匀。通常使用 $SnCl_2$ 溶液（敏化液）处理镜面，然后用去离子水冲洗洁净后，才可在镜面上开始镀银。

平面镜镀银后，通常还用红丹漆等涂在镜面背后以保护银层。

制造银镜需要耗费大量贵重的银，因此目前制镜技术朝着真空镀铝（铝镜）或离子真空镀膜（钨镜和钛镜）方向发展。后者要求设备复杂，技术难度大，厂家一次性投资大，而且镀层的面积有限（如受离子真空镀膜机容积所局限），因此目前仍广泛采用镀银技术。

3.3.3　仪器与试剂

仪器：烧杯、玻璃片、容量瓶（50mL）、水浴、显微镜（80～100 倍）

试剂：蔗糖、浓硫酸、$AgNO_3$、质量分数 5％氨水、5％NaOH 溶液、1％～2％$SnCl_2$ 溶液、去离子水、洗衣粉、葡萄糖、5％碘的酒精溶液、KCl、明胶

3.3.4　实验步骤

1. 玻片的清洁与敏化处理

用少量洗衣粉将玻片洗净，再用自来水冲洗干净。用 $SnCl_2$ 溶液敷镀玻片表面一次，停留 2～3min 后用水冲洗，最后用去离子水洗净。此时玻片表面无任何油膜，透明、清亮。不得让手或任何东西触碰玻片表面，以防沾污。

2. 配制镀液

镀镜用的镀液必须现用现配。

甲液：在容量瓶中放入 10mL 去离子水，加入 0.175g $AgNO_3$ 使溶解。缓慢加入 NaOH 溶液 2.5mL，即产生大量沉淀。逐滴加入氨水直至沉淀完全溶解，溶液完全透明。用去离子水稀释至 50mL。实际生产中视镜面大小，按上述配比放大即可。

乙液：在烧杯中放入 50mL 去离子水，将 0.13g 蔗糖（干燥的重量）加入烧杯，溶于水中，加浓硫酸 1～2 滴及沸石，隔着石棉板小心加热煮沸 5min。生产中也按甲液配比相应放大。

3. 镀镜

将甲乙两液各取 1/10 及 2 滴碘的酒精溶液和微量的 KCl、明胶混合均匀后倾倒于玻片表面，注意让液层厚度均匀。室温 23～30℃下放置 3～5min 即可出现牢固的银镜。倒去残液，用去离子水冲洗镜面。重复上述操作 2～3 次，即可得到较厚的银箔。晾干后，在其上面涂一层红丹漆，以保护银箔不被刮碰。

4. 其他

如果可能，将乙液中的蔗糖换成葡萄糖，同法进行实验，对比两个产品。

实验 3.4　菠菜色素的提取与分离

3.4.1　实验目的

1. 通过菠菜色素的提取与分离,加深对天然色素(杂环或萜类化合物等)有关知识的理解;
2. 学习柱色谱的有关技术,学习色谱法提取有机化合物的方法原理;
3. 学习掌握薄层色谱、柱色谱的分离操作技术;
4. 熟练萃取、分液漏斗的使用、紫外光谱测定等技术。

3.4.2　实验原理

绿色植物菠菜叶含有多种天然色素,如叶绿素 a(蓝绿色)、叶绿素 b(黄绿色)、胡萝卜素(橙黄色)、叶黄素(黄色)等。叶绿素 a 和 b 均是甾族化合物,β-胡萝卜素和叶黄素均是萜类化合物(四萜)。

叶绿素有两种相似的结构形式,叶绿素 a($C_{55}H_{72}O_5N_4Mg$)和叶绿素 b($C_{55}H_{70}O_6N_4Mg$)。它们都是吡咯衍生物与金属镁的络合物,如图 3.3 所示,是植物进行光合作用所必需的催化剂。尽管叶绿素分子中含有一些极性基团,但大的烃基结构使它易溶于醚、石油醚等一些非极性溶剂。

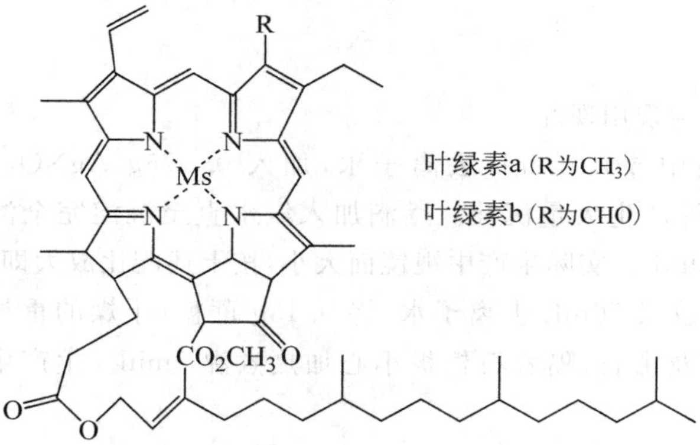

叶绿素a (R为CH₃)
叶绿素b (R为CHO)

图 3.3　叶绿素结构图

叶黄素(lutein,$C_{40}H_{56}O_2$)是胡萝卜素的羟基衍生物,它在绿叶中的含量通常是胡萝卜素的 2 倍。从结构可以看出,叶黄素更易溶于醇而在石油醚中溶解度较小。

这些色素易溶于有机溶剂,因此可将它们取出来,而后用层析柱,以同样的或不同的、混合的有机溶剂当洗脱剂,将这些色素分离。

这些天然色素可在食品工业中作添加剂使食品染色,对人体无害。也可在医药工业中用做原料,如从胡萝卜素中提取 β-胡萝卜素这种异构体作为生产维生素 A 的原料使用。

柱色谱又叫柱层析。与薄层色谱、纸色谱一样,同属色谱法,都是分离、提纯与鉴定有机物的重要方法之一。它们基本原理相同,都是利用不同物质在固定和流动的两相中具有不同的分配系数,这些物质在两相中的分配反复进行多次,使得那些分配系数不同(哪怕只有微小的差异)的组分得以分离。

柱色谱与薄层色谱、纸色谱的区别在于它们所用的仪器设备及操作不同。柱色谱是让待分离的混合液流经装有吸附剂的长管,由于吸附剂表面对各液体组分吸附力大小不同,从而使各组分得以按一定顺序分离(吸附力强的先被吸收,吸附力弱的后被吸收)。当加入洗脱溶剂时,由于各组分的吸附力不同,被洗脱的先后不同,下移的速度不同,从而形成若干色带。吸附力最弱的组分首先随溶液流出,吸附力最强的组分最后流出,从而达到分离的目的。因此,柱色谱的操作通常都分为装柱、装样、洗脱与分离、柱的清洗等几个步骤。

柱色谱通常可分为吸附色谱和分配色谱两种。吸附色谱以氧化铝或硅胶等为吸附剂;分配色谱则以硅胶或硅藻土与纤维素等为支持剂。吸附剂或支持剂均为固定相。

化合物在固定相上的吸附力与其极性大小有关,极性强者吸附力大。例如,化合物在氧化铝吸附剂上的吸附力大小顺序是:酸、碱＞醇、胺、硫醇＞酯、醛、酮＞芳烃化物＞卤代烃、醚＞烯＞饱和烃。

柱色谱中的流动相通常叫作洗脱剂或淋洗剂。洗脱剂的极性越大,样品的洗脱速度越快,所以,为了得到适当的分离速度,选择合适的洗脱剂非常重要。常用洗脱剂的极性大小顺序是:乙酸＞吡啶＞水＞甲醇＞乙醇＞丙醇＞丙酮＞乙酸乙酯＞乙醚＞三氯甲烷＞二氯甲烷＞苯＞甲苯＞二硫化碳＞四氯化碳＞环己烷＞石油醚、己烷。

经常还使用混合溶剂当强洗脱剂。此外,选择洗脱剂时还要考虑其他因素,如黏度较小、毒性较小、沸点适中、燃点较高,以有利于操作和安全。

一般情况下,如果洗脱剂较好地溶解样品,则直接采用洗脱剂做溶剂。样品溶液的体积不宜太大,一般以每克样品用少于 15mL 的溶剂为宜,否则色谱分散,影响效果。

3.4.3　仪器与试剂

仪器:层析柱(或酸式滴定管)、锥形瓶、烧杯、分液漏斗、布氏漏斗、抽滤瓶、水泵、剪刀、研钵、圆底烧瓶、冷凝管、牛角管、滴液漏斗、分光光度计

试剂:中性氧化铝(20g,150~160 目)、95％乙醇、石油醚(60~90℃)、丙酮、正丁醇、菠菜叶(5g)、石英砂、棉花、无水硫酸钠

3.4.4　实验步骤

1. 菠菜色素(spinacine)的提取

将新鲜(或冷冻)的菠菜叶洗净并用滤纸吸干表面水分,称取 20g 切成碎片,用研钵捣烂,用石油醚-乙醇(或甲醇)混合溶液(体积比 3∶2)10mL 浸提。抽滤后滤液移入分液漏斗,用水萃取以除去乙醇(3mL×2),注意不要激烈振荡,以防发生乳化现象。弃去水-乙醇层,用无水硫酸钠干燥后滤入圆底烧瓶,在水浴上蒸去石油醚(回收)至体积约 1mL 为止。

2. 菠菜色素的分离

1) 柱色谱分析

(1) 装柱:在层析柱中装入石油醚。在长 20cm 内径为 1cm 的层析柱中加入 2/3 高度

的石油醚,在小烧杯中加入些石油醚,取少许棉花(或玻璃棉)用石油醚浸湿,挤去气泡后放在层析柱底部,在它上面放一片直径略小于管柱的滤纸或铺一薄层细纱。通过玻璃漏斗缓缓加入氧化铝,同时打开活塞让石油醚流下,以保持柱内石油醚的高度不变。氧化铝在柱中堆积过程中可用软性物轻轻敲震层析柱以便使氧化铝装得平实,装完后再用一圆形滤纸或一薄层细纱覆盖在氧化铝上面。调节柱中石油醚液面高度,确保石油醚液面高出氧化铝或细纱 1～2cm。

(2)装样:将菠菜色谱浓缩提取液用滴管小心地从层析柱顶部加入。加完后打开下端活塞,放出溶剂,让液面下降到柱中氧化铝层面以上 1mm 左右处,关闭活塞,加入几滴石油醚,打开活塞,使液面下降如前,如此反复多次,使菠菜色素全部进入柱体内。

(3)洗脱与分离:在柱顶小心加入 1.5～2cm 高度的石油醚-丙酮洗脱剂(体积比 9:1),而后在柱上方装一滴液漏斗,内装 15mL 洗脱剂,用完再加。让洗脱剂逐滴滴入柱内,保持流出速度,同时打开柱下方活塞让洗脱剂逐滴流出,用锥形瓶收集。层析即开始进行。当第一个有色成分即将滴出时,另取一洁净的锥形瓶收集,得橙黄色溶液,即胡萝卜素,可以点板测定 R_f 值或进行紫外光谱分析。将洗脱剂换成 7:3 的石油醚-丙酮混合液,继续洗脱可得到第二色带的黄色溶液即叶黄素。将洗脱剂换成丁醇-乙醇-水(体积比 3:1:1)混合液,可洗脱叶绿素 a(蓝绿色或草绿色)和叶绿素 b(黄绿色)。将分离得到的 3 种物质进行薄层分析测定 R_f 值,与下面的薄层层析的结果进行比较。

2)薄层色谱分析

取 4 块显微载玻片,用硅胶 G 经 0.5% 羧甲基纤维素钠溶液调制后制板,晾干后于 110℃ 活化 1h。

展开剂 a 为体积比为 8:2 的石油醚-丙酮,展开剂 b 为体积比为 6:4 的石油醚-乙酸乙酯。在薄板上点样后,小心放入加有展开剂的广口瓶中,待展开剂上升至规定高度时,取出薄层板,在空气中晾干,用铅笔作出标记。

分别用展开剂 a 和 b 展开,比较不同展开剂系统的展开效果。观察斑点在板上的位置,并排列出胡萝卜素、叶绿素和叶黄素的 R_f 值的大小次序。注意在更换展开剂时,干燥广口瓶,不允许将前一种展开剂带入后一系统中。

3. β-胡萝卜素的紫外光谱测定

将分离得到的橙黄色试样,用石油醚稀释后,用 730 型分光光度计测定 400～600nm 范围内的吸收,指出测定的 λ_{max} 值(以石油醚作空白试剂)。

参考数据:β-胡萝卜素 481nm(123027),453nm(141254)。

3.4.5 思考题

1. 排列下列流动相对极性物质的溶剂化能力次序:戊烷、二氯甲烷、乙醚、乙酸乙酯、丙酮、乙醇、水。

2. 菠菜色素提取的原理和方法是什么?

3. 本实验成功的关键是什么?

实验 3.5 （±）-苯乙醇酸（苦杏仁酸）的合成与拆分

3.5.1 实验目的

1. 了解（±）-苯乙醇酸的制备原理和方法；
2. 学习相转移催化合成基本原理和技术；
3. 巩固萃取及重结晶操作技术；
4. 了解酸性外消旋体的拆分原理和实验方法。

3.5.2 实验原理

苯乙醇酸（扁桃酸，mandelic acid，又称苦杏仁酸）可作医药中间体，用于合成环扁桃酸酯、扁桃酸乌洛托品及阿托品类解痛剂；也可用作测定铜和锆的试剂。

本实验利用氯化苄基三乙基铵作为相转移催化剂，将苯甲醛、氯仿和氢氧化钠在同一反应器中进行混合，通过卡宾加成反应直接生成目标产物。需要指出的是，用化学方法合成的扁桃酸是外消旋体，只有通过手性拆分才能获得对映异构体。

反应式为：

$$HCCl_3 + NaOH \longrightarrow \underset{Cl}{\overset{Cl}{C}} : + NaCl + H_2O$$

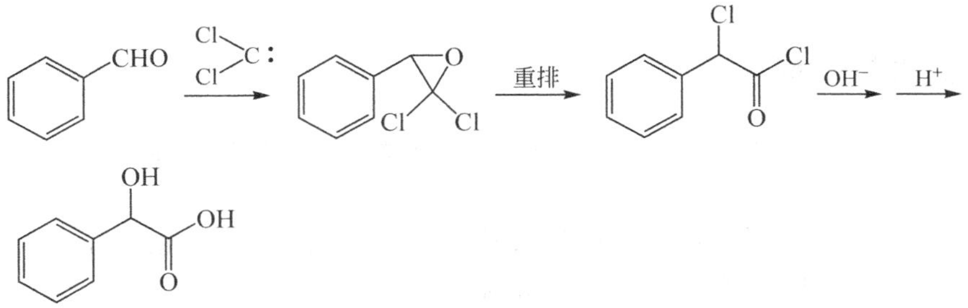

反应中用氯化苄基三乙基铵作为相转移催化剂：

水相：$R_4N + Cl^- + NaOH \rightleftharpoons R_4N + OH^- + NaCl$

有机相：

$R_4N + OH^-$

$\Big\Vert CHCl_3$

$R_4N + Cl^- + \underset{Cl}{\overset{Cl}{C}} : \rightleftharpoons R_4N + CCl_3^- + H_2O$

$\Big\downarrow C_6H_5CHO$

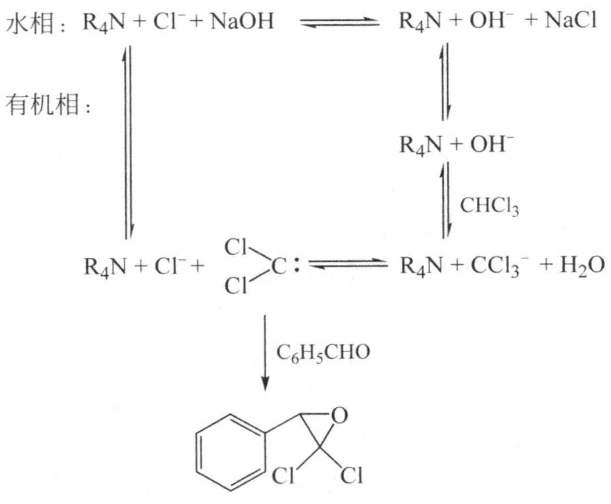

通过一般化学方法合成的苯乙醇酸只能得到外消旋体。由于(±)-苯乙醇酸是酸性外消旋体,故可以用碱性旋光体做拆分剂,一般常用(一)-麻黄碱。拆分时,(±)-苯乙醇酸与(一)-麻黄碱反应形成两种非对映异构的盐,进而可以利用其物理性质(如溶解度)的差异对其进行分离。

反应式为

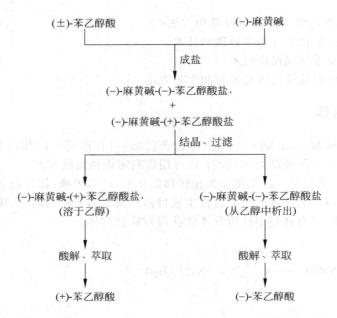

3.5.3　仪器与试剂

仪器:圆底烧瓶、三颈烧瓶、搅拌器、冷凝管、滴液漏斗、温度计、恒温水浴、分液漏斗、烧瓶

试剂:苄氯、三乙胺、苯、无水氯化钙、石蜡、苯甲醛、氯仿、氢氧化钠、乙醚、硫酸、无水硫酸镁、甲苯、盐酸麻黄碱、无水乙醇重结晶、浓盐酸等

3.5.4　实验步骤

1. 合成

(1) 依次向 25mL 圆底烧瓶中加入 3mL 苄氯、3.5mL 三乙胺、6mL 苯,加几粒沸石后,加热回流 1.5h 后冷却至室温,氯化苄基三乙基铵即呈晶体析出,减压过滤后,将晶体放置在装有无水氯化钙和石蜡的干燥器中备用。

(2) 在 250mL 三颈烧瓶上配置搅拌器、冷凝管、滴液漏斗和温度计。依次加入 2.8mL 苯甲醛、5mL 氯仿和 0.35g 氯化苄基三乙基铵,水浴加热并搅拌。当温度升至 56℃时,开始自滴液漏斗中加入 35mL 30%的氢氧化钠溶液,滴加过程中保持反应温度在 60~65℃,约 20min 滴毕,继续搅拌 40min,反应温度控制在 65~70℃。反应完毕后,用 50mL 水将反应物稀释并转入 150mL 的分液漏斗中,分别用 9mL 乙醚连续萃取两次,合并醚层,用硫酸酸化水相至 pH 为 2~3,再分别用 9mL 乙醚连续萃取两次,合并所有醚层并用无水硫酸镁干燥,水浴下蒸除乙醚即得扁桃酸粗品。将粗品置于 25mL 烧瓶中,加入少量甲苯,回流。沸腾后补充甲苯至晶体完全溶解,趁热过滤,静置母液待晶体析出后过滤。(±)-苯乙醇酸的熔点为 120~122℃。

2. 拆分

(1) 麻黄碱的制备:称取 4g 市售盐酸麻黄碱,用 20mL 水溶解,过滤后在滤液中加入 1g 氢氧化钠,使溶液呈碱性。然后用乙醚对其萃取三次(3×20mL),醚层用无水硫酸钠干燥,蒸除溶剂,即得(一)-麻黄碱。

(2) 非对映体的制备与分离:在 50mL 圆底烧瓶中加入 2.5mL 无水乙醚、1.5g(±)-苯乙醇酸,使其溶解。缓慢加入(一)-麻黄碱乙醇溶液(1.5g 麻黄碱与 10mL 乙醇配成),在 85~90℃水浴中回流 1h。回流结束后,冷却混合物至室温,再用冰浴冷却使晶体析出。析出晶体为(一)-麻黄碱-(一)苯乙醇酸盐,(一)-麻黄碱-(+)苯乙醇酸盐仍留在乙醇中。过滤即可将其分离。

(3) (一)-麻黄碱-(一)苯乙醇酸盐粗品用 2mL 无水乙醇重结晶,可得白色粒状纯化晶体。熔点 166~168℃。将晶体溶于 20mL 水中,滴加 1mL 浓盐酸使溶液呈酸性,用 15mL 乙醚分三次萃取,合并醚层并用无水硫酸钠干燥,蒸除有机溶剂后即得(一)-苯乙醇酸。熔点 131~133℃,比旋光度 $[a]_0^{23}$ 一153°(c=2.5,H_2O)。

(一)-麻黄碱-(+)苯乙醇酸盐的乙醇溶液加热除去有机溶剂,用 10mL 水溶解残余物,再滴加浓盐酸 1mL 使固体全部溶解,用 30mL 乙醚分三次萃取,合并醚层并用无水硫酸钠干燥,蒸除有机溶剂后即得(+)-苯乙醇酸。熔点 131~134℃,比旋光度 $[a]_0^{23}$ +154°(c=2.8,H_2O)。

3.5.5　注意事项

(1) 取样及反应都应在通风橱中进行。
(2) 干燥器中放石蜡以吸收产物中残余的烃类溶剂。
(3) 此反应是两相反应,剧烈搅拌反应混合物,有利于加速反应。
(4) 重结晶时,甲苯的用量为 1.5~2mL。

3.5.6　思考题

1. 以季铵盐为相转移催化剂的催化反应原理是什么?
2. 本实验中若不加季铵盐会产生什么后果?
3. 反应结束后,为什么要先用水稀释? 后用乙醚萃取,目的是什么?
4. 反应液经酸化后为什么再次用乙醚萃取?

实验 3.6　苯甲酸和苯甲醇的制备

3.6.1　实验目的

1. 熟悉反应原理,掌握苯甲酸和苯甲醇的制备方法;

2. 复习分液漏斗的使用及重结晶、抽滤等操作。

3.6.2 实验原理

无 α-H 的醛在浓碱溶液作用下发生歧化反应,一分子醛被氧化成羧酸,另一分子醛则被还原成醇,此反应称坎尼扎罗反应。本实验采用苯甲醛在浓氢氧化钠溶液中发生坎尼扎罗反应,制备苯甲醇和苯甲酸,反应式如下:

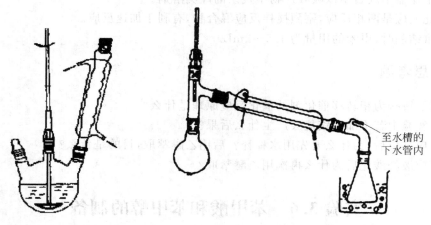

3.6.3 仪器与试剂

仪器:100mL 圆底烧瓶、球形冷凝管、分液漏斗、直形冷凝管、蒸馏头、温度计套管、温度计(250℃)、支管接引管、锥形瓶、空心塞、量筒、烧杯、布氏漏斗、吸滤瓶、表面皿、红外灯、机械搅拌器

试剂:苯甲醛 10mL(0.10mol)、氢氧化钠 8g(0.2mol)、浓盐酸、乙醚、饱和亚硫酸氢钠溶液、10%碳酸钠溶液、无水硫酸镁

3.6.4 实验步骤

本实验制备苯甲醇和苯甲酸,采用机械搅拌下的加热回流装置,如图 3.4 所示。乙醚的沸点低,要注意安全,蒸馏低沸点液体的装置如图 3.5 所示。

图 3.4　反应装置图　　　　　图 3.5　蒸馏乙醚装置图

1. 加料,歧化反应:向 125mL 锥形瓶中,加入 9g KOH、9mL H_2O 和 10mL Ph-CHO,该反应是两相反应,不断振摇是关键,反应完成后得白色糊状物。

2．萃取，分离：将白色糊状物加水溶解，置于分液漏斗中。每次用 10mL 乙醚萃取，共萃取水层 3 次（萃取苯甲醇），保留水层。

3．洗涤醚层：依次用 NaHSO₃（饱和）、10％Na₂CO₃、H₂O 各 5mL 洗涤醚层。除去 Ph-CHO、酸性 NaHSO₃ 和盐。

4．干燥，蒸馏：用无水 MgSO₄ 干燥洗涤后的醚层半小时。用水浴蒸馏回收乙醚。得 Ph-CH₂OH 粗产物，用空气冷凝管收集 Ph-CH₂OH 200～204℃ 的馏分。

5．酸化，重结晶：浓盐酸酸化第 2 步反应中的水层，使刚果红试纸变蓝，冷却析出 Ph-COOH。必要时用水重结晶。产量为 8～9g，熔点 121～122℃。

3.6.5　注意事项

（1）原料苯甲醛易被空气氧化，所以保存时间较长的苯甲醛，使用前应重新蒸馏。

（2）蒸馏乙醚层时不能用明火加热，乙醚蒸完后立刻回收，改用明火加热，放掉冷凝管夹层中的水，用空气冷凝苯甲醇。

（3）如果第一步反应未能充分振摇，会影响后续反应的产率。如混合充分，放置 24h 后混合物通常在瓶内固化，苯甲醛气味消失。

（4）用分液漏斗分液时，水层从下面分出，乙醚要从上面倒出，否则会影响后面的操作。

（5）合并的乙醚层用无水硫酸镁和无水碳酸钾干燥时，振荡后要静置片刻至澄清；澄清后才能倒在蒸馏瓶中蒸馏，否则蒸出的产物不纯；干燥后的乙醚层缓慢倒入干燥的蒸馏烧瓶中，注意不要将底部的干燥剂倒入；蒸馏乙醚层时不能用明火加热。

（6）水层如果酸化不完全，会使苯甲酸不能充分析出，导致产物损失。

（7）加水后，如不能溶解，可稍微加热。

（8）用 30mL 乙醚分 3 次萃取，每次用 10mL，前两次萃取后，上层（乙醚层）在烧杯中合并，下层（水层）继续用乙醚萃取。

（9）乙醚蒸完后立刻回收，改用明火加热，用空气冷凝苯甲醇。

（10）水层酸化后，减压抽滤得到苯甲酸粗品，回收留作重结晶用。

3.6.6　思考题

1．为什么要振摇？白色糊状物是什么？

2．各步洗涤分别除去什么？

3．萃取后的水溶液，酸化到中性是否最合适？为什么？不用试纸，怎样知道酸化已恰当？

实验 3.7　甲基橙的制备

3.7.1　实验目的

1．了解重氮化、偶合反应的原理以及在合成中的应用；

2．掌握重氮化和偶合反应的操作方法以及对反应条件的选择。

3.7.2 实验原理

甲基橙属于一种偶氮染料,合成偶氮染料包括两个过程。

(1) 重氮化。芳香伯胺在强酸性介质中和亚硝酸钠作用,生成重氮盐,这一过程称为重氮化。重氮盐不稳定,温度高容易分解,所以要求在0~5℃条件下进行重氮化。

(2) 偶合反应。重氮盐与酚类或芳香胺发生偶联反应,这一过程称为偶合。反应速率受浓度和pH影响较大。重氮盐与芳香胺偶联时,在高pH介质中,重氮盐易变成重氮酸盐;而在低pH介质中,游离芳香胺则容易转变为铵盐。所以胺的偶联反应,通常在中性或弱酸性介质(pH 4~7)中进行。

本实验是用对氨基苯磺酸在强酸性条件下与亚硝酸钠反应生成重氮盐,再与 N,N-二甲基苯胺发生偶联反应制备甲基橙。

反应式如下:

$$H_2N-\langle\!\bigcirc\!\rangle-SO_3H + NaOH \longrightarrow H_2N-\langle\!\bigcirc\!\rangle-SO_3Na + H_2O$$

$$H_2N-\langle\!\bigcirc\!\rangle-SO_3Na \xrightarrow{NaNO_2 + HCl} \left[HO_3S-\langle\!\bigcirc\!\rangle-N_2^+\right]Cl^-$$

$$\xrightarrow[HOAc]{\langle\!\bigcirc\!\rangle-N(CH_3)_2} \left[HO_3S-\langle\!\bigcirc\!\rangle-N=N-\langle\!\bigcirc\!\rangle-N(CH_3)_2\right]^+ AcO^-$$

$$\xrightarrow{NaOH} HO_3S-\langle\!\bigcirc\!\rangle-N=N-\langle\!\bigcirc\!\rangle-N(CH_3)_2$$

3.7.3 仪器与试剂

仪器:烧杯三只(50mL、100mL、250mL)、量筒(10mL)、温度计、加热器、吸滤装置、玻璃棒
试剂:

试剂名称	分子量	性状	用量	熔点/℃	沸点/℃	水溶解度/(g/100mL)
无水对氨基苯磺酸	173.84	白色或灰白色结晶	2.1g(0.01mol)	280	—	不溶于水
N,N-二甲基苯胺	121.18	淡黄色油状液体	1.3mL(0.01mol)	2.45	194.5	不溶于水
亚硝酸钠	69.00	白色至浅黄色、粒状、棒状或粉末	0.8g(0.11mol)	271		易溶于水
浓盐酸	36.46	—	3mL	—	—	易溶于水
冰醋酸	60.05	—	1mL	16.7	118	易溶于水

其他试剂：5％氢氧化钠溶液、乙醇、乙醚、淀粉碘化钾试纸、滤纸

3.7.4 实验步骤

1. 重氮盐的制备

在 100mL 烧杯中放置 10mL 5％的氢氧化钠溶液及 2.1g 对氨基苯磺酸晶体，温热使其溶解。另溶 0.8g 亚硝酸钠于 6mL 水中，加入上述烧杯中，用冰水浴冷至 0～5℃。在不断搅拌下，将 3mL 浓盐酸与 10mL 水配成的溶液缓慢滴加到上述混合液中，并控制温度在 5℃以下，滴加完后用淀粉碘化钾试纸检验。然后在冰水浴中放置 15min 以保证反应完全。此时有细小晶体析出。

2. 偶合

在 50mL 烧杯中加入 1.3mL N,N-二甲基苯胺和 1mL 冰醋酸，在不断搅拌下将此溶液缓慢加入上述冷却的重氮盐溶液中。加完后，继续搅拌 10min，缓慢加入 25～35mL 氢氧化钠溶液，直至反应物变为橙色，这时反应液呈碱性，粗制的甲基橙呈细粒状沉淀析出。将反应物在沸水浴上加热 5min，冷却至室温后，在冰水浴中冷却，使甲基橙晶体析出完全。抽滤收集结晶，依次用冰水、乙醇、乙醚洗涤，压干，称量质量。

溶解少许甲基橙于水中，加入几滴稀盐酸，随后用稀氢氧化钠中和，观察颜色变化。

3.7.5 注意事项

（1）重氮盐多数不稳定，温度高时容易分解，因此控制温度很重要，本实验反应温度维持在低于 5℃，以防止重氮盐水解生成相应的酚。

（2）用淀粉碘化钾试纸检验时，若试纸显蓝色，则表明亚硝酸过量（析出的碘遇淀粉显蓝色）：$2KI+2HNO_2+2HCl \rightarrow I_2+2NO+2H_2O+2KCl$。这时，应加少量尿素除去过多的亚硝酸。

（3）重结晶过程要迅速，否则由于产品呈碱性，在温度高时易变质，颜色变深，形成紫红色粗产物。

（4）湿的甲基橙在空气中受光的照射后，颜色很快变深，所以一般得紫红色粗产物。

（5）反应体系中若有未作用的 N,N-二甲基苯胺醋酸盐，在加入氢氧化钠后，就会有难溶于水的 N,N-二甲基苯胺析出，影响产物的纯度。

实验 3.8 糖的性质

3.8.1 实验目的

1. 了解各类糖的化学性质与其结构之间的关系；
2. 掌握鉴别各类糖的方法。

3.8.2　仪器与试剂

仪器：试管、恒温水浴锅

试剂：2％葡萄糖、2％木糖、2％麦芽糖、2％乳糖、2％蔗糖、1％淀粉、本尼地试剂、莫利施试剂、谢里万诺夫试剂、巴弗试剂、间苯三酚盐酸溶液、10％氢氧化钠、浓盐酸、浓硫酸、苯肼试剂、1％碘-碘化钾、红色石蕊试纸、1：5硫酸

3.8.3　实验步骤

1. 莫利施（Molisch）实验

取 5 支试管，编号后分别加入 2％葡萄糖、果糖、木糖、蔗糖和 1％淀粉溶液各 1mL，再滴入 2 滴莫利施试剂，振摇均匀后，将各试管倾斜 45°，沿管壁徐徐加入 1mL 硫酸（勿摇动试管），静置片刻，观察上、下两液层界面处的颜色变化。稍加振荡试管，观察硫酸层现象。

2. 谢里万诺夫（Seliwanoff）实验

取 4 支试管，编号后各加入 10 滴谢里万诺夫试剂，再各取 2 滴 2％葡萄糖、果糖、麦芽糖和蔗糖溶液，分别加入上述试管，摇匀后将 4 支试管同时放入沸水浴中加热，观察各试管中的颜色变化，并比较显色次序。

3. 间苯三酚实验

取 4 支试管，编号，各加入 1mL 间苯三酚盐酸溶液，再分别加入 5 滴 2％葡萄糖、果糖、木糖和蔗糖溶液，摇匀后将试管放入沸水浴中煮沸 1～2min，观察各试管中的颜色变化，比较结果。

4. 本尼地（Benedict）实验

取 6 支试管，编号，各加入 1mL 本尼地试剂，再分别滴加 5 滴 2％葡萄糖、果糖、木糖、蔗糖、麦芽糖溶液和 1％淀粉溶液，摇匀后将各试管同时置沸水浴中加热 3～5min，观察颜色变化及沉淀的生成。

5. 巴弗（Barfoed）实验

取 2％葡萄糖、果糖、麦芽糖和乳糖溶液各 1mL，分别加至 4 支预先编号的试管中，再各加入 1mL 巴弗试剂，将各试管同时置于沸水中加热 5min，取出试管，观察比较现象，并作出结论。

6. 成脎反应与鉴定

①取 6 支试管，编号后分别加入 2％葡萄糖、果糖、木糖、麦芽糖、乳糖和蔗糖溶液各 20 滴，再各加入 10 滴 10％苯肼盐酸盐溶液和 10 滴 15％醋酸钠溶液（或 20 滴苯肼试剂），混合均匀，用棉花塞住管口；②再将各试管同时浸入沸水浴中加热（注意随加振荡），记录各种糖脎形成的时间，30min 后，若结晶析出不明显，可取出试管自然冷却；③用玻璃棒摩擦管壁

以帮助结晶。最后用玻璃棒取糖脎结晶少许于载玻片上,在低倍(80~100 倍)显微镜下观察其结晶形状,并与图 3.6 中糖脎晶形作比较。

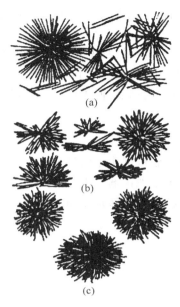

图 3.6 糖脎的晶形
(a) 葡萄糖脎;(b) 麦芽糖脎;(c) 乳糖脎

7. 蔗糖的水解与鉴定

取两支试管,各加入 2% 蔗糖溶液 1mL,在甲试管中加 2 滴浓盐酸,在乙试管中加 2 滴蒸馏水,摇匀,两支试管同时放入沸水浴中加热 10~15min,取出冷却,甲管用 10% 氢氧化钠溶液中和至红色石蕊试纸呈碱性反应。向两支试管中各加入 1mL 本尼地试剂,摇匀后,同时置沸水浴中加热 2~3min,观察并分析所发生的现象。

8. 淀粉与碘作用

取 1 支试管加入 1% 淀粉溶液 5 滴和 2mL 蒸馏水,然后加 1 滴 1% 碘液;将试管放入沸水浴中加热 5~10min,取出试管冷却。观察并分析每步操作中所发生的现象。

9. 淀粉的水解

在试管中加入 3mL 1% 淀粉溶液,再加 0.5mL 1:5 硫酸,于沸水浴中加热 5min,冷却后用 10% 氢氧化钠溶液中和至中性。取 5 滴与 1mL 本尼地试剂作用,在沸水浴中加热 3~5min,观察现象。

3.8.4 注意事项

(1)苯肼盐酸盐与醋酸经复分解反应生成苯肼醋酸盐,这种弱酸与弱碱形成的盐,在水中容易水解苯肼。

$$C_6H_5NHNH_2 \cdot HCl + CH_3COONa \longrightarrow C_6H_5NHNH_2 \cdot CH_3COOH + NaCl$$

$$C_6H_5NHNH \cdot CH_3COOH \Longrightarrow C_6H_5NHNH_2 + CH_3COOH$$

苯肼试剂也可用 2 份苯肼盐酸盐与 3 份醋酸钠混合研匀供用,临用时取适量与糖溶液混合即可。

（2）苯肼毒性很大,操作时,应避免触及皮肤,如不慎触及,应先用 5％醋酸冲洗,再用肥皂洗涤,为防止苯肼蒸气中毒,要用棉花堵塞管口,以减少苯肼蒸气逸出。

（3）自然冷却有利于获得较大的结晶,便于用显微镜观察。麦芽糖和乳糖更是如此。

3.8.5　思考题

1. 为什么所有的糖都与莫利施试剂作用而显色?
2. 是否所有的糖都能还原本尼地试剂? 为什么?
3. 为什么葡萄糖和果糖的糖脎晶形都是相同的?

第4章

设计性实验

实验 4.1　双酚 A 的合成

4.1.1　提示

（1）双酚 A 的化学名称是 2-2 双（4'-羟基苯基）丙烷。是一种用途很广的化工原料。它是双酚 A 型环氧树脂及聚碳酸酯等化工产品的合成原料,还可用作聚氯乙烯塑料的热稳定剂,电线防老化剂,油漆、油墨等的抗氧剂和增塑剂。

（2）从文献看,双酚 A 的制备方法主要是通过苯酚和丙酮的缩合反应：

$$\text{OH} - \text{C}_6\text{H}_4 + \text{CH}_3-\overset{\text{O}}{\underset{}{\text{C}}}-\text{CH}_3 \longrightarrow \text{OH}-\text{C}_6\text{H}_4-\overset{\text{CH}_3}{\underset{\text{CH}_3}{\text{C}}}-\text{C}_6\text{H}_4-\text{OH} + \text{H}_2\text{O}$$

反应在 CCl_4、$CHCl_3$、CH_2Cl_2、C_6H_5Cl 等有机溶剂中进行,采用盐酸、硫酸等质子酸作催化剂。

（3）其他的合成方法。

4.1.2　要求

（1）查阅有关文献,设计并确定一种可行的半微量制备实验方案。

（2）制备 2～5g 的双酚 A 产品。

4.1.3　参考文献

[1]　周科衍,吕俊民.有机化学实验[M].2 版.北京:高等教育出版社,1984.

[2]　顾庆超,黄丙荣.化学用表[M].南京:江苏科学技术出版社,1979.

实验 4.2　植物生长调节剂 2,4-D 的合成

4.2.1　提示

（1）2,4-D 的化学名称是 2,4-二氯苯氧乙酸,作为防霉菌剂,可用苯酚和氯乙酸通过

Williamson 反应制得。它经氯化,可以得到对氯苯氧乙酸和 2,4-二氯苯氧乙酸(即 2,4-D)。前者称防落素,可以减少农作物落花落果;后者又名除莠剂,可选择性地除掉杂草,二者都是植物生长调节剂,在农业上有广泛的应用。

(2) 合成 2,4-D 的主要路线

① $ClCH_2COOH \xrightarrow{NaCO_3} ClCH_2COONa \xrightarrow[35\%NaOH]{C_6H_5OH} C_6H_5OCH_2COONa \xrightarrow{HCl} C_6H_5OCH_2COOH$

② $C_6H_5OCH_2COOH + HCl/H_2O_2 \xrightarrow{FeCl_3} p\text{-}Cl\text{-}C_6H_4OCH_2COOH$

③ $p\text{-}Cl\text{-}C_6H_4OCH_2COOH + NaOCl \xrightarrow{H^+}$

注意直接使用 Cl_2 带来的不便及危险。

4.2.2　要求

(1) 设计可行的合成方案并制出 0.5～2g 的 2,4-D 产品。

(2) 进行 2,4-D 含量测定。

4.2.3　参考文献

[1] 大学化学实验改革课题组.大学化学新实验[M].杭州:浙江大学出版社,1990.

[2] 韩广甸,李述文.有机制备化学手册(上卷)[M].北京:化学工业出版社,1985.

[3] 樊能廷.有机合成事典[M].北京:北京理工大学出版社,1992.

[4] 程铸生.精细化学品化学[M].上海:华东化工学院出版社,1990.

[5] 斯坦莱·华松尼克,等.有机化学实验指导[M].肖畴阡,吴西濂,邹永析,译.南宁:广西人民出版社,1987.

实验 4.3　对香豆酸的合成

4.3.1　提示

(1) 香豆酸是邻羟基肉桂酸,对香豆酸是对羟基肉桂酸。后者可以通过 Perkin 反应由芳香醛与脂肪族酸酐缩合而成,或通过 Konevenagel 反应由芳醛与丙二酸缩合而成。即:

$$HO\text{-}C_6H_4\text{-}CHO + (CH_3CO)_2O \xrightarrow{CH_3COONa} HO\text{-}C_6H_4\text{-}CH=CHCOOH$$

$$HO\text{-}C_6H_4\text{-}CHO + CH_2(COOH)_2 \xrightarrow[K_2CO_3]{\text{吡啶}} HO\text{-}C_6H_4\text{-}CH=CHCOOH$$

(2) 合成对香豆酸的其他方法。

4.3.2　要求

（1）查阅相关文献，依据可行的实验条件，设计出合理的半微量或微型实验方案。

（2）制出 0.5～2g 产品，测定其熔点。

4.3.3　**参考文献**

［1］黄涛.有机化学实验［M］.2 版.北京：高等教育出版社,1984.

［2］樊能廷.有机合成事典［M］.北京：北京理工大学出版社,1992.

［3］韩广甸,赵树纬,李述文,等.有机化学制备手册(中卷)［M］.北京：化学工业出版社,1985.

［4］兰州大学,复旦大学.有机化学实验［M］.2 版.北京：高等教育出版社,1994.

［5］赵何为,朱承炎.精细化工实验［M］.上海：华东化工学院出版社,1992.

［6］齐立权.基础有机化学人名反应 100 例［M］.沈阳：辽宁大学出版社,1990.

实验 4.4　对氨基苯磺酸的制备

4.4.1　提示

（1）对氨基苯磺酸可以由苯胺直接磺化制得，磺化过程经过一次重排反应：

（2）其他磺化方法制备对氨基苯磺酸。

4.4.2　要求

（1）查阅相关文献，依据可行的实验条件(如买得到的试剂等)，设计出合理的半微量或微型实验方案。

（2）确定合适的分析方法对产品进行结构测定。

4.4.3　**参考文献**

［1］樊能廷.有机合成事典［M］.北京：北京理工大学出版社,1992.

［2］黄涛.有机化学实验［M］.2 版.北京：高等教育出版社,1984.

［3］韩广甸,赵树纬,李述文,等.有机化学制备手册(中卷)［M］.北京：化学工业出版社,1985.

[4]　兰州大学,复旦大学化学系有机化学教研室.有机化学实验[M].2版.卫洁廉,沈凤嘉,修订.北京:高等教育出版社,2003年.

[5]　赵何为,朱承炎.精细化工实验[M].上海:华东化工学院出版社,1992.

[6]　齐立权.基础有机化学人名反应100例[M].沈阳:辽宁大学出版社,1990.

[7]　周科衍,高占先.有机化学实验[M].3版.北京:高等教育出版社,2001.

[8]　徐家宁,张锁秦,张寒琦.基础化学实验(中册)[M].北京:高等教育出版社,2007.

[9]　吴泳.大学化学新体系[M].北京:科学出版社,2001.

[10]　丁长江.有机化学实验[M].北京:科学出版社,2006.

[11]　李兆陇.有机化学实验[M].北京:清华大学出版社,2001.

[12]　周志高.有机化学实验[M].北京:化学工业出版社,2005.

[13]　李吉海.基础化学实验(Ⅱ)[M].北京:化学工业出版社,2009.

实验 4.5　香料 α-紫罗兰酮的合成

4.5.1　提示

（1）紫罗兰酮的分子式为 $C_{13}H_{20}O$，根据双键位置的不同,存在 α 体、β 体和 γ 体 3 种同分异构体,在自然界中多以 α 体、β 体这两种异构的混合形式存在,γ 体较为少见(见表 4-1)。三者结构分别如下:

α-紫罗兰酮　　　　　β-紫罗兰酮　　　　　γ-紫罗兰酮

表 4-1　紫罗兰酮的理化常数

性能	α-紫罗兰酮	β-紫罗兰酮	γ-紫罗兰酮
相对密度(25℃)	0.927～0.933	0.941～0.947	0.9426
折光指数	1.497～1.502	1.519～1.521	1.500～1.506
沸点/℃	121～122(1kPa)	127～128(1kPa)	80(173Pa)

（2）目前合成紫罗兰酮的方法主要有两种:一种是全合成法,即以乙炔和丙酮为起始原料的合成路线和以异戊二烯为起始原料的合成路线,对纯度要求很高的 β-紫罗兰酮(医药工业用)可采用全合成路线。另一种是半合成路线,即以天然精油中所含的柠檬醛和松节油中的 α-蒎烯为起始原料的合成路线。目前多采用柠檬醛来合成工业紫罗兰酮。

4.5.2　要求

（1）查阅相关文献,依据可行的实验条件,设计出合理的实验方案。

（2）确定合适的物理常数和分析方法对产品进行结构测定。

4.5.3　参考文献

[1]　刘树文.合成香料技术手册[M].北京：中国轻工业出版社,2000.
[2]　何坚,季儒英.香料概论[M].北京：中国石油化工出版社,1993.
[3]　丁德生,龚隽芳.实用合成香料[M].北京：上海科学技术出版社,1990.
[4]　何坚,孙宝国.香料化学与工艺学[M].北京：化学工业出版社,1995.
[5]　邹明珠,张寒琦.中级化学实验[M].长春：吉林大学出版社,2000.

实验 4.6　邻甲苯磺酰氯和对甲苯磺酰氯的合成

4.6.1　提示

（1）向有机化合物分子引入磺酸基的反应叫做磺化反应。常用的磺化剂是硫酸、发烟硫酸、三氧化硫和氯磺酸等。氯磺酸是实验室常用的磺化试剂,可以看作是三氧化硫和盐酸的配合物（$SO_3 \cdot HCl$）。

（2）用过量的氯磺酸反应,可以生成磺酰氯,进一步反应可以制备磺酰胺,许多磺酰胺具有抗菌消炎的作用,是一类重要的合成药物。本实验是采用氯磺酸对甲苯进行磺化,制备邻甲苯磺酰氯和对甲苯磺酰氯,反应式如下：

4.6.2　要求

（1）查阅相关文献,依据可行的实验条件,设计出用氯磺酸进行磺化的方案。
（2）实现邻甲苯磺酰氯和对甲苯磺酰氯的分离。

4.6.3　参考文献

[1]　徐家宁,张锁秦,张寒琦.基础化学实验（中）[M].北京：高等教育出版社,2006.
[2]　邹明珠,张寒琦.中级化学实验[M].长春：吉林大学出版社,2000.
[3]　焦家俊.有机化学实验[M].上海：上海交通大学出版社,2000.

实验 4.7　邻磺酰苯甲酰亚胺的合成

4.7.1　提示

（1）糖精是一种甜味剂,学名叫做邻磺酰苯甲酰亚胺,曾广泛作为糖类食品的替代品,目前由于其副作用原因使用较少。其合成是通常是以邻甲苯磺酰氯为原料经氨化、氧化和亚氨化几步反应制备的。反应式如下：

（2）其他原料或方法制备邻磺酰苯甲酰亚胺。

4.7.2 要求

（1）查阅相关文献，依据可行的实验条件，设计出实验方案。
（2）确定合适的分析方法对产品进行结构测定。

4.7.3 参考文献

[1] 徐家宁,张锁秦,张寒琦.基础化学实验（中）[M].北京：高等教育出版社,2006.
[2] 何树华,朱云云,陈贞干.有机化学实验[M].武汉：华中科技大学出版社,2012.
[3] 焦家俊.有机化学实验[M].上海：上海交通大学出版社,2000.
[4] 马军营.有机化学实验[M].北京：化学工业出版社,2007.

实验 4.8 乙酰基二茂铁的合成

4.8.1 提示

（1）二茂铁，又称二环戊二烯合铁、环戊二烯基铁，二茂铁的结构为一个铁原子处在两个平行的环戊二烯的环之间。在固体状态下，两个茂环相互错开成全错构型，温度升高时则绕垂直轴相对转动。二茂铁的化学性质稳定，类似芳香族化合物。二茂铁的环能进行亲电取代反应，例如汞化、烷基化、酰基化等反应。以二茂铁为原料制备乙酰基二茂铁容易进行。

（2）乙酰基二茂铁制备的基本反应方程式：

（3）反应粗产物可以用柱层析分离法进行提纯。

4.8.2　要求

（1）查阅相关文献，设计并确定一种可行的实验方案。

（2）合成产品并提纯，测定产品熔点。

4.8.3　参考文献

[1]　吴泳.大学化学新体系实验[M].北京：科学技术出版社.2001.

[2]　吴世晖,周景尧,林子森,等.中级有机化学实验[M].3 版.北京：高等教育出版社,1986.

[3]　李保国,张海波.乙酰基二茂铁的合成[J].化学试剂,2001,23(5)：11.

实验 4.9　己二酸制备

4.9.1　提　示

（1）羧酸可以用氧化方法由醇类物质制备产生，可以考虑采用环己醇氧化制备己二酸，选择不同的合适的氧化剂。

$$\underset{\text{OH}}{\bigcirc} \xrightarrow{[O]} \underset{\text{O}}{\bigcirc} \xrightarrow{[O]} \underset{\text{COOH}}{\overset{\text{COOH}}{\bigcirc}}$$

（2）设计实验装置，注意反应条件的控制。

4.9.2　要求

（1）查阅相关文献，依据可行的实验条件（如实验条件、器材等），设计出合理的实验方案；

（2）确定合适的分析方法对产品进行分析测试。

4.9.3　参考文献

[1]　兰州大学,复旦大学化学系有机化学教研室.有机化学实验[M].2 版.卫洁廉,沈凤嘉,修订.北京：高等教育出版社,2003.

[2]　周科衍,高占先.有机化学实验[M].3 版.北京：高等教育出版社,2001.

[3]　徐家宁,张锁秦,张寒琦.基础化学实验(中册)[M].北京：高等教育出版社,2007.

[4]　韩广甸,赵树纬,李述文,等.有机化学制备手册(中卷)[M].北京：化学工业出版社,1985.

[5]　赵何为,朱承炎.精细化工实验[M].上海：华东化工学院出版社,1992.

[6]　齐立权.基础有机化学人名反应 100 例[M].沈阳：辽宁大学出版社,1990.

[7]　李兆陇.有机化学实验[M].北京：清华大学出版社,2001.

[8]　周志高.有机化学实验[M].北京：化学工业出版社,2005.

[9]　吴泳著.大学化学新体系[M].北京：科学出版社,2001.

[10]　丁长江.有机化学实验[M].北京：科学出版社,2006.

第5章

研究性实验

实验 5.1 酞菁、卟啉化合物的设计、合成、表征及性能测试

5.1.1 概述

卟吩是由 4 个吡咯环的 α 碳原子通过 4 个次甲基相连而成的共轭体系,卟啉是在卟吩环 12 个可取代位置上连有各种取代基后生成的衍生物的总称,是由 4 个取代吡咯环通过碳原子相互连接而成的环状刚性共面型分子。酞菁与卟啉的结构类似,把卟吩环 4 个中位(即5,10,15,20)碳原子换作氮原子成为四氮杂卟啉,然后再在 4 个吡咯环的外侧并上 4 个苯环,就成为未取代酞菁分子,所以未取代酞菁也可以称为四氮杂四苯并卟啉。由于 4 个苯环参加了共轭,所以酞菁的共轭体系较卟啉大,在其周围有 16 个位置可以被各种基团所取代,形成种类繁多的取代酞菁。萘菁可以看作一类取代酞菁,是在酞菁的苯环上再并上 4 个苯环,这样萘菁环上共有 24 个位置可以连接各种取代基,而其共轭体系比酞菁更大。酞菁和卟啉能够与金属离子反应形成配合物,根据金属离子价态、半径以及配位数的差异,形成的配合物也各有不同。同时酞菁和卟啉的周环上氢原子也可以被不同的基团所取代,形成带有不同取代基的酞菁、卟啉化合物,从而影响它们的溶解性和聚集性等。卟啉和酞菁都是非常重要的功能材料。以上 4 种物质的分子结构如图 5.1 所示。

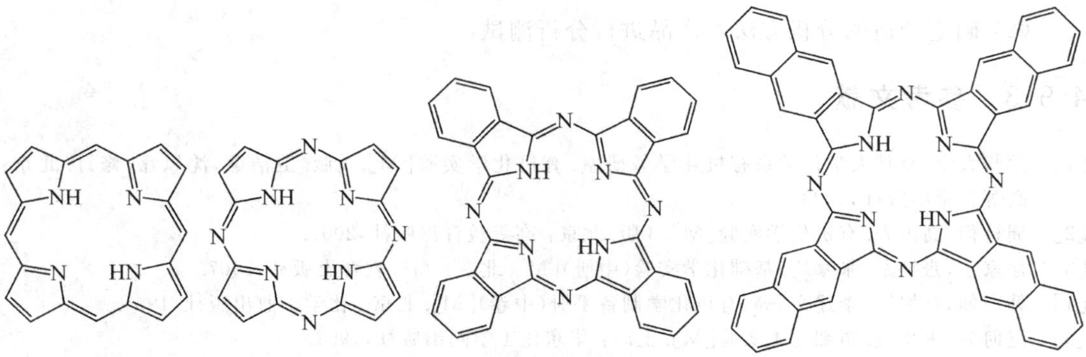

卟吩　　　　　　　氮杂卟啉　　　　　　　酞菁　　　　　　　　　萘菁

图 5.1 4 种物质的分子结构图

长期以来,人们对大环 π 共轭化合物的研究多集中在一些四吡咯环的修饰及其性能研究上,特别是卟啉和酞菁。这些分子各基团之间通过共轭 π 键相连,在基态时,整个分子即

构成一个大的共轭 π 电子体系,在光电子技术领域,如分子半导体、光导、光电材料、光限幅、非线性光学、气体传感、电致变色、分子磁体和液晶等功能材料等方面具有极大的应用潜力。

5.1.2 实验设计及合成方法

1. 酞菁化合物

酞菁的合成通常是聚四环反应,主要原料是邻苯二甲腈。除此之外,邻苯二甲酸酐、邻苯二甲酰亚胺、邻苯二甲酰胺、1,3-二亚氨基异吲哚啉都可以为原料。合成酞菁的方法有两种:插入法和模板法。插入法是先用邻苯二甲腈类原料合成无金属配位酞菁,即 H_2Pc。再将金属离子通过配位引入到 H_2Pc 分子结构的内环空腔中,即 MPc;模板法是将金属离子作为中心模板,由邻苯二甲腈类"分子碎片"以金属离子为核心直接闭合形成金属酞菁。相比于插入法,模板法步骤少,产率高,这几年使用比较广泛。

按照反应介质不同,常用的酞菁合成可分为固相熔融法和液相法。固相熔融法以尿素作为反应介质和反应物。"分子碎片"为邻苯二甲腈、邻苯二甲酰胺和 1,3-二亚氨基异吲哚啉时,尿素只起到反应介质的作用;若"分子碎片"为邻苯二甲酸酐和邻苯二甲酰亚胺,则尿素在作为反应介质的同时,还参与反应。固相法操作简单,反应产率高,提纯容易。液相法的介质主要为高沸点醇,催化剂通常为 DBU(1,8-二氮杂二环+-碳-7-烯)。由于反应在液相中进行,搅拌均匀,反应速度较快,但产率比固相法要低,也不利于提纯。

如图 5.2 所示,对称金属酞菁的合成路线有以下几种:

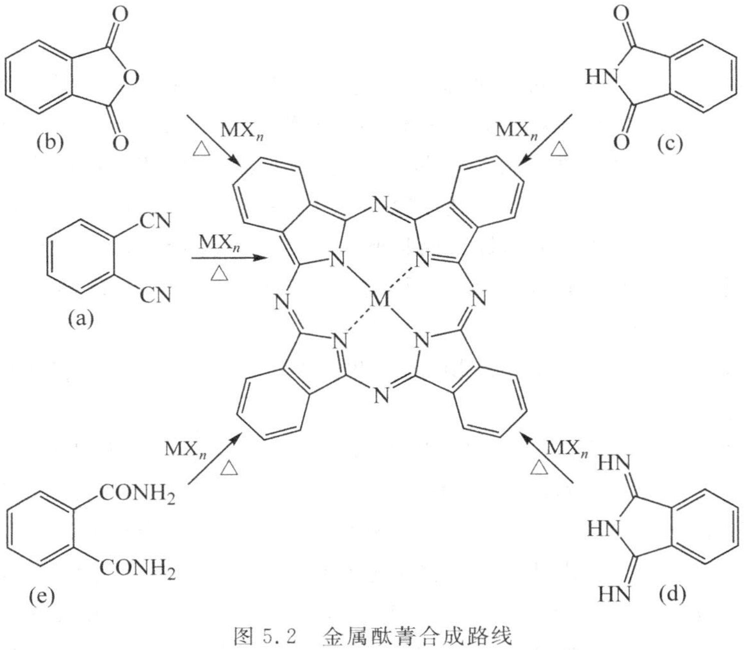

图 5.2 金属酞菁合成路线

(a) 邻苯二甲腈;(b) 邻苯二甲酸酐;(c) 邻苯二甲酰亚胺;(d) 1,3-二亚氨基异吲哚啉;(e) 邻苯二甲酰胺

MX_n 为金属盐

如需要改变酞菁环上取代基,常用的方法是在邻苯二甲腈、邻苯二甲酸酐、邻苯二甲酰亚胺等中间体上引入,例如可以采用 5-硝基邻苯二腈与含有酚羟基或醇羟基的化合物反

应,即可改变取代基,可用 2,3-二氰基萘代替邻苯二腈即可获得萘菁。不对称的金属酞菁是酞菁中较难合成和分离的一类,主要方法有统计缩合法和选择性合成。

2. 卟啉化合物

卟啉化合物合成的基本方法主要包括以下几种。

1) Rothemund 方法

四苯基卟啉最先由 Rothemund 等人合成出来,该法采用醛类化合物(甲醛、乙醛、苯甲醛等)和吡咯为原料,以吡啶和甲醇为溶剂,在密封的玻璃管中进行反应,150℃下反应 24～48h。由于该法反应时间长,所需反应条件苛刻,要求反应器密闭隔氧,底物浓度较低,并且后处理非常麻烦,反应产率低,仅有极少数芳醛参加反应,因此该法逐渐被后人所改进。

2) Adler 方法

1967 年 Adler 和他的助手改进了 Rothemund 的方法,采用苯甲醛和吡咯在丙酸中进行回流反应,反应时间为 30min,冷却,过滤,滤饼以甲醇和热水分别洗涤,晶体真空干燥移去吸附的丙酸,得蓝紫色晶体。此方法不必将反应容器密封,产率达到 20%。该方法操作简单,而且有近七十种取代醛类可作为反应原料,使选择余地大大拓宽,因此该法一直沿用至今。但由于其产率取决于溶液的酸碱性、溶液种类、反应温度和反应物浓度等因素,一些带有敏感基团的苯甲醛则不能用来作合成原料。并且底物浓度高以及反应温度过高易导致反应中生成大量焦油,使产品的纯化成为问题,特别是对于在反应最后不结晶或不沉淀析出的卟啉。

3) Lindsey 方法

1987 年 Lindsey 进一步改进了四苯基卟啉的合成方法,采用苯甲醛和吡咯作为原料,在氮气保护下,以二氯甲烷为溶剂,以三氟化硼乙醚络合物$(C_2H_5)_2O \cdot BF_3$ 作催化,室温下反应生成卟啉原。然后以二氯二腈基苯醌(DDQ)或四氯苯醌(TCQ)将卟啉原氧化得到最终产物卟啉,产率可达 30%～40%。但是该方法反应浓度低,以吡咯计仅为 10^{-2} mol/L,且最大反应容积为 1L,放大后则效果不好。而且此方法反应条件苛刻,需要无水无氧操作,反应不能一步生成四苯基卟啉(TPP),必须在反应过程中使用昂贵的氧化剂 DDQ 或 TCQ。此外,一些含取代基的苯甲醛如对硝基苯甲醛,易于与吡咯形成低聚物,由于此低聚物在 CH_2Cl_2 中不溶,不能进一步转化为产物,因而此法不适用于某些含取代基的卟啉合成。

4) 郭灿诚法

1994 年郭灿诚等人采用 N,N-甲基甲酰胺(DMF)为溶剂,无水 $AlCl_3$ 为催化剂,苯甲醛与吡咯缩合生成 TPP,然后经中性氧化铝柱分离,收率可达 30%。此方法操作简便,反应过程中无须氮气保护,产物中不含副产物原卟啉(TPC),生成产物纯度好,反应时间也较短,适用范围较广。对于以含取代基的苯甲醛为原料的合成反应,产率为 25%～30%。该法采用溶解性较好的 DMF 作溶剂,尤其适用于溶解度较小以及对酸、碱敏感的卟啉类化合物。但是,由于此反应使用无水 $AlCl_3$ 做催化剂,随着反应的进行,部分 $AlCl_3$ 被水解成 $Al(OH)_3$ 而混在产物中,必须经色谱分离或重结晶法将其去除,这是该方法的不足之处。

所合成的无金属卟啉,加入金属常用的方法是采用醋酸盐法。即在金属化过程中,卟啉环上的两个质子解离下来,与醋酸盐作用,形成弱酸——醋酸,使化学平衡向形成金属离子方向移动,有利于金属卟啉配合物的生成。反应结束后,在反应体系中加入甲醇或水,充分冷却,就可将产物从溶液中结晶出来。此外,可以用 $CHCl_3$/MeOH 混合溶液代替冰醋酸进行反应,$CHCl_3$ 和 MeOH 的作用分别是使卟啉和醋酸盐充分溶解。除了在醋酸中不稳定的金属离子外,所有二价金属的金属卟啉配合物都可用醋酸盐法合成。固体醋酸盐的加入,可进一步缓冲反应溶液,增强卟啉配体分子中氢的解离。

在卟啉环引入基团的方法可以使用取代苯甲醛,也可以在合成卟啉环后采用亲电取代的方法引入取代基。

5.1.3　表征及性能测试

1. 结构表征

主要测试仪器:紫外-可见分光光度计,傅里叶红外光谱仪,核磁共振仪

1)紫外-可见光谱

酞菁化合物的电子光谱主要有两个特征吸收峰,即 B 带(或称 Soret 谱带),其能量约 3.8eV,以及 Q 带,其能量约 1.8eV。这两个吸收峰都是酞菁配体环上的 π 电子跃迁引起的,一般金属酞菁的 B 带在 250～350nm,而 Q 带在 650～800nm,对于无金属酞菁,Q 带为两个对等的分峰,金属酞菁会有一肩峰的存在。

卟啉化合物同样存在 B 带和 Q 带吸收,分别位于 320～450nm 和 450～700nm 范围内,同样无金属卟啉 Q 带四个吸收峰,金属配位后,分子对称性增加,能级靠近,分子轨道的分裂程度减少,简并度增加,Q 带吸收峰数目减少为两个。

2)红外光谱

金属酞菁是以自由酞菁作为配体的金属配合物,在配位前后自由酞菁红外光谱发生变化,一方面 N—H 红外吸收带消失,同时出现新的 N—M 红外振动光谱酞菁特征吸收带。酞菁化合物的红外光谱主要分布在 4 个区域:(1)2900～3500cm^{-1} 处的一组峰是 ν_{N-H}(金属络合 N—H 的伸缩振动不应该存在)芳环上的 ν_{C-H},脂肪链取代基的 ν_{C-H},芳环上 ν_{C-H} 的强度一般较脂肪族的 ν_{C-H} 为弱。(2)1600～1615cm^{-1} 和 1520～1535cm^{-1} 都各有一吸收峰,这是由芳香环上 C=C 以及 C=N 的伸缩振动引起的,十六氢酞菁虽无芳香环但其 C=C 和酞菁的内环共轭,使得 C=C 伸缩振动也在 1600cm^{-1} 左右。因为 C=C 键和 C=N 键互相共轭,而且两键的振动频率非常接近,因而难以区分上述两个吸收峰各自属于哪个振动。(3)在低频区可看到在与金属酞菁相应的位置上,自由酞菁的谱图上是两个对应的谱带,而且相比之下金属酞菁谱带更偏于较高频率,不同中心金属使金属酞菁吸收峰向高频发生移动的程度也不同。(4)在远红外区,骨架振动吸收带主要出现在 150～200cm^{-1} 区间。

卟啉具有上述相类似的红外光谱,此外在 910～990cm^{-1} 和 790～810cm^{-1} 附近有卟啉环和吡咯骨架的特征吸收峰,1470cm^{-1} 处有吡咯—CH—剪式振动。

3)氢核磁共振光谱

无金属酞菁的 N—H 质子信号出现在高场,$\delta 0.20～0.80$ 处,金属配位后该信号消失;其他苯环和酞菁环上的质子信号出现在 $\delta 7.00～8.60$ 处。

无金属卟啉中吡咯的 N—H 质子信号出现在最高场,约 $\delta -2.90$ 处,金属配位后该信号消失;其他苯环和吡咯上的质子信号出现在 $\delta 7.20～8.80$ 处。

2. 性能测试

主要测试仪器：非线性-光限幅测试系统，电化学工作站，光电效应测试仪

1）光限幅和 Z-扫描测试

测试酞菁和卟啉化合物的非线性性能，计算三阶非线性系数，评价化合物或材料的限幅阈值、动态范围、吸收截面比值等光限幅特性。

2）电化学性能测试

测试酞菁和卟啉化合物的循环伏安行为及催化活化作用，利用循环伏安法研究金属酞菁和卟啉化合物在接触小分子化合物前后循环伏安曲线的变化来研究其对一些小分子化合物反应的催化活化作用。

3）光电导性能测试

当光照射到双层光电导体表面时，光生载流子发生层中就产生了一对一对的光生载流子，同时由于外加静电场的作用，使产生的光生载流子的空穴和电子同时向相反方向迁移，光电导体表面的负电荷因与光生载流子的空穴中和而减少，导致光电导体表面负电荷分布不均，形成了信息记录的静电潜象。

酞菁和卟啉化合物的光电导性能可以用黑暗时和光照 1min 时的电导率的比值 n 来衡量。以 V_d、V_p、$t_{1/2}$ 等参数评价光电导性能的好坏。

5.1.4　参考文献

[1]　沈永嘉.酞菁的合成与应用[M].北京：化学工业出版社，2001.

[2]　McKEOWN N B. Phthalocyanine materials：synthesis，structure and function[M]. Cambridge：Cambridge University Press，1998.

[3]　CLAESSENS C G，HAHN U，TORRES T. Extended π-aromatic systems for energy conversion：phthalocyanines and porphyrins in molecular solar cells[J]. Chem. Rec.，2008(8)：75-78.

[4]　聂静涛，段武彪，杨素，等.温和条件下酞菁化合物的合成及其反应机理研究[J].化学学报，2011，69(5)：548-554.

[5]　SNOW A W，SHIRK J S，PONG R G S J. Oligo oxyethylene liquid Phthaloeyanines[J]. Porphyrins Phthalocyanines，2000(4)：518-522.

[6]　UCHIDA H，TANAKA H，YOSHIYAMA H，et al. Novel synthesis of phthalocyanines from phthalonitriles under mild conditions[J]. Synlett，2002(10)：1649-1652.

[7]　俞孝伟，詹传郎，黄彦.新型不对称酞菁锌的合成与表征[J].有机化学，2012(32)：770-775.

[8]　DINI D，CALVETEA M J F，HANACK M，et al. Synthesis of axially substituted gallium，indium and thallium phthalocyanines with nonlinear optical properties[J]. Arkivoc，2006，3(8)：77-96.

[9]　GEORGE R D，SNOW A W，SHIRK J S，et al. The alpha substitution effect on phthalocyanlne aggregation[J]. J. Porph. Phthal.，1998，2(1)：1-7.

[10]　DINI D，CALVETE M J F，HANAC K M，et al. Indium phthalocyanines with different axial ligands：a study of the influence of the structure on the photophysies and optical limiting properties[J]. J. Phys. Chem. A，2008，112(37)：8515-8522.

[11]　MATHEWS S J，KUMAR S C，GIRIBABU L，RAO S V. Large third-order optical nonlinearity and optical limiting in symmetric and unsymmetrical phthalocyanines studied using z-scan[J]. Opt. Commun.，2007，280(1)：206-212.

[12]　刘大军，段潜，王舫，等.烷氧基酞菁铅类反饱和吸收化合物的制备及性质研究[J].中国激光，2005，

32(7)：969-972.

[13] 刘莹,冯苗,陈彧,等.铟酞菁/聚甲基丙烯酸甲酯复合物固体光限幅器性能[J].高等学校化学学报，2007，28(11)：2092-2095.

[14] 封伟,吴洪才,曹猛.含酞菁功能基聚苯胺的光电性能[J].半导体光电,1999,20(6)：428-431.

[15] 于世瑞,赵有源,李潞瑛.有机材料 ZnTBP-CA-PhR 的非线性吸收和光学限幅性能[J].物理学报，2003,52(4)：860-863.

[16] ANANDHA BABU G，BHAGAVANNARAYANA G，RAMASAMY P. Synthesis，crystal growth，structural，optical，thermal and mechanical properties of novel organic NLO material：ammonium malate[J]. Journal of Crystal Growth,2008,310(6)：1228-1238.

[17] 陈志敏,吴谊群,左霞,等.四叔丁基四氮杂卟啉配合物的合成、热稳定性及光限幅特性研究[J].无机化学学报,2006,22(1)：47-52.

[18] 尹延锋,王秀如,欧慧,等.钴卟啉溶液的光限幅特性研究[J].光谱学与光谱分析,2004,24(1)：33-35.

[19] MARTIN R B，LI H P，GU L R，et al. Superior optical limiting performance of simple metalloporphyrin derivatives[J]. Opt. Mater. ,2005(27)：1340-1345.

[20] SENDHIL K，VIJAYAN C，KOTHIYAL M P. Nonlinear optical properties of a porphyrin derivative incorporated in Nafion polymer. Opt. Mater. ,2005(27)：1606-1609.

[21] 张冰,刘智波,陈树琪,等.新型卟啉衍生物反饱和吸收研究[J].物理学报,2007,56(9)：5252-5256.

[22] 姚文杰,徐海军,朱菁,等. meso-四(对十六烷氧基苯基)卟啉的非线性吸收研究[J].光电子·激光.2007,18(9)：1089-1092.

[23] 何远航,惠仁杰,等.卟啉材料在激光防护上的应用[J].北京理工大学学报,2008,28(3)：271-273.

实验 5.2 近红外吸收化合物结构设计合成、表征及性能测试

5.2.1 概述

近红外光(NIR)是介于可见区和中红外区间的电磁波,不同文献中对其波长范围的划分不尽相同,美国试验和材料协会(ASTM)规定为 700～2500nm。NIR 常被划分为短波近红外(SW-NIR)和长波近红外(LW-NIR),其波段范围分别为 700～1100nm 和 1100～2500nm。近红外吸收化合物是指能够吸收近红外波段的有机分子,也称为近红外吸收剂。目前,人们合成了大量具有近红外吸收功能的有机化合物。虽然具有不同的结构形式,但由 Piccard 预测而且合成出近红外染料之后,含有近红外吸收生色基团的物质基本可分为两种：含有无环近红外生色基团的物质(双硫烯配体、多次甲基菁等)和含有共轭环近红外生色基团的物质(如轮烯、酞菁、方酸、菁卟啉等)。近红外吸收染料在液晶材料、增感材料、打印激光系统、激光隐身、激光防护和激光医疗等方面具有广泛的应用前景。

从结构来分,近吸收剂类型主要有非菁类、菁类近红外吸收剂及其他含有大共轭环的有机物和具有特殊结构的一些物质。

菁类近红外吸收剂的用途最主要是在照相用卤化银乳剂中,以强化感光方面性能。菁类吸收剂的类型主要有两种：酞菁类染料吸收剂、甲基菁染料吸收剂。

非菁类近红外吸收剂主要含有：醌型染料、金属络合物吸收剂、偶氮染料、芳甲烷型染料、芘类染料、游离基型染料等。

其他种类的近红外吸收剂还包括交叉共扼类、轮烯型、茚型无机离子等类型的染料。

游离基类染料、金属络合类染料(主要是硫代双烯型染料),是 900～1100nm 波长区间范围比较重要的有机染料,其特点是树脂相溶性较好、摩尔消光系数很高,光、热的稳定性能较好,通过调整结构可以使其最大吸收波长发生改变,在实际中应用较为广泛。

5.2.2 实验设计及合成方法

1. 硫代双烯金属络合物

传统的合成硫代双烯金属络合物的方法有两种。

第一种是安息香路线,是以五硫化二磷与各个取代基相应的安息香进行反应,生成硫代磷酸酯,再与金属离子进行络合生成染料。1964 年 G. N. Schrauzer 等利用这种方法合成了镍铬硫代双烯型配合物。运用这种方法时,起始原料可用一些易得价廉的化合物。反应式如下。

$$RCHO + CHOR \xrightarrow{VB_1} \begin{array}{c} R \\ | \\ C=O \\ | \\ H-C-OH \\ | \\ R \end{array}$$

$$\begin{array}{c} R \\ | \\ C=O \\ | \\ H-C-OH \\ | \\ R \end{array} \xrightarrow{P_2S_5} \left[\begin{array}{c} R \\ C-S \\ \| \quad\quad \diagdown \\ \quad\quad P=O \\ C-S \diagup \\ R \quad S \end{array} \right]_2 \xrightarrow{NiCl_2 \cdot 6H_2O} \begin{array}{c} R \quad C-S \quad S-C \quad R \\ \| \quad\quad \diagup \diagdown \quad \diagup \quad \| \\ \quad\quad Ni \\ \| \quad\quad \diagdown \diagup \quad \diagdown \quad \| \\ R \quad C-S \quad S-C \quad R \end{array}$$

一般用氰化钾作催化剂进行最初的合成,但氰化钾反应条件要求苛刻并伴有剧毒,也有用维生素 B_1 为催化剂,具有同样的催化效果。在这种方法中硫代中间体具有明显的聚合作用,导致产物变为黏稠状,不利后续分离与提纯,且副产物较多。Pd、Pt 配合物的合成也可用此方法,反应时为了避免浪费 Pd 和 Pt,需要生成的磷酸酯过量。

第二种是二酮路线,合成[$R_2NCSCSNR_2$]M 型配合物主要使用这种路线。由于这种化合物中—NR_2 的供电性能过强,会导致羰基中碳正离子的电荷与氢原子的流动性降低,安息香的缩合反应会受其影响。但该种化合物中对应芳胺易与草酰氯进行傅-克反应。生成出对称二酮化合物,更进一步产生硫代双烯类金属配合物。反应式如下。

$$R_2N-\text{〈}\bigcirc\text{〉} + \underset{\substack{\| \quad \| \\ O \quad O}}{ClC-CCl} \xrightarrow{AlCl_3} R_2N-\text{〈}\bigcirc\text{〉}-\underset{\substack{\| \quad \| \\ O \quad O}}{C-C}-\text{〈}\bigcirc\text{〉}-NR_2$$

$$R_2N-\text{〈}\bigcirc\text{〉}-\underset{\substack{\| \quad \| \\ O \quad O}}{C-C}-\text{〈}\bigcirc\text{〉}-NR_2 \xrightarrow[\quad]{P_2S_5} \xrightarrow{NiCl_2 \cdot 6H_2O} \left[\begin{array}{c} R_2N-\text{〈}\bigcirc\text{〉} \quad\quad S \\ \diagdown \quad\quad \diagup \\ C \\ \| \\ C \\ \diagup \quad\quad \diagdown \\ R_2N-\text{〈}\bigcirc\text{〉} \quad\quad S \end{array} \right]_2 Ni$$

以上两种方法所制备的硫代双烯化合物结构中的取代基和配位金属,根据吸收波长需要进行设计和改变。

2. 胺盐化合物

比较常用的合成方法是以对硝基苯胺为原料,与 2 倍的对氯硝基苯在 DMF 溶液中以碳酸钾为催化剂合成三硝基三苯胺,催化加氢或者化学还原生成三氨基三苯胺,再在丙酮溶液中用碱性催化剂与卤代烃进行烷基化反应(可以通过改变不同的烷基或采用联苯结构设计合成化合物的结构,从而改变红外最大吸收波长),然后用二价铜盐氧化,与六氟锑酸盐反应制得。

另外一种合成方法是以二苯胺、碘苯为原料,以硝基苯为溶剂制备三苯胺,以 KI/KIO₃ 进行碘代得到三碘代三苯胺,再与仲胺通过 Ullmann 反应制得六烷基取代的三氨基三苯胺(同样通过改变不同的烷基或采用联苯结构设计合成化合物的结构,从而改变红外最大吸收波长),然后用二价铜盐氧化,与六氟锑酸盐反应制得胺盐类近红外吸收剂。反应式如下。

5.2.3　表征及性能测试

1. 结构表征

主要测试仪器：傅里叶红外光谱仪，核磁共振仪

1) 红外光谱

硫代双烯化合物 $\nu_{C=C}$ 在 $1358cm^{-1}$ 附近；$\nu_{C=S}$ 在 $1135cm^{-1}$ 附近；芳环 $\nu_{C=C}$ 在 1600、1585、1500、$1450cm^{-1}$，至少有两个或两个以上的吸收峰；不同配位金属 ν_{M-S} 在 $420\sim350cm^{-1}$；取代基不同会在对应位置出现不同特征吸收峰。

胺盐类化合物 ν_{Ar-H} 在 $3100\sim3000cm^{-1}$ 附近，有较弱的三个峰；$\nu_{C=C}$ 在 1600、1585、1500、$1450cm^{-1}$，至少有两个或两个以上的吸收峰；δ_{Ar-H} 在 $860\sim800cm^{-1}$，为 1,4-位取代特征峰；ν_{C-N} 在 $1330cm^{-1}$ 附近，体现出芳香族叔胺的特征；$2975\sim2845cm^{-1}$ 体现出取代烷基的 ν_{C-H} 对称和反对称伸缩振动；δ_{C-H} 在 $1460cm^{-1}$ 和 $1380cm^{-1}$ 处有甲基、亚甲基的特征吸收峰。

2) 氢核磁共振光谱

硫代双烯化合物的 Ar—H 质子信号出现在 $\delta6.80\sim8.00$ 处，芳环上取代基受母体影响，相应的化学位移偏向低位场。

胺盐类化合物 Ar—H 质子信号出现在 $\delta7.20\sim7.80$ 处，受 N 原子影响，与其相连的碳上的氢化学位移偏向低位场，根据距离 N 原子的远近，化学位移在 $\delta0.7\sim3.2$ 处。

2. 性能测试

主要测试仪器：紫外-可见-近红外分光光度计，综合热分析仪，激光防护测试装置

1) 近红外吸收性能测试

利用紫外-可见-近红外分光光度计，测试硫代双烯化合物和胺盐类化合物 $200\sim1100nm$ 范围内的吸收光谱，浓度为 $1\times10^{-4}mol/L$，测试最大吸收波长 λ_{max}、最大摩尔消光系数 ε_{max} 以及半峰宽。

2) 耐热性能测试

利用综合热分析仪测试硫代双烯化合物和胺盐类化合物的耐热性能，考查熔点、热分解温度等，评价硫代双烯化合物和胺盐类化合物使用温度范围和适合的热加工条件。

3) 激光防护性能测试

选用近红外激光器(半导体激光器、YAG 激光器)进行测试，改变输出激光能量，通过分束器形成测试光和参比光，当入射激光照射到样品时，将会产生吸收，用能量计测试入射前和入射后的激光能量密度，绘制输入能量密度-输出能量密度曲线，评价近红外吸收化合物的激光防护性能。

5.2.4　参考文献

[1]　王寅,程侣柏.吲哚苯胺金属络合物近红外吸收染料中配位体的合成研究[J].染料工业,1995,32(3):1-6.

[2]　WATARO K. Benzaldehydes from benzalhalides[P].JP,7725733,1977-04-17.

[3] HAMMICK M. Laser protection for AFVs：the eyes have it[J]. Int Defense Rev，1991，8：816-818.

[4] McKOY V，GUPTA A. Transparent protective laser shield[P]. Us，4622174，1979-10-11.

[5] SHI D H，XU Q F. Recent development of laser protective materials using nonlinear optical theory[J]. Optical Technique，2000，26(1)：52-55(in Chinese).

[6] LAW K Y. Organic photoconductive materials：recent trends and developments[J]. Chem Rev，1993，93(1)：449-486.

[7] 杨小兵，丁松涛，杨裕生，等.近红外激光防护染料[J].有机化学，2002，22(1)：33-41.

[8] BELLER M，BREINDL C，THOMAS H，et al. Synthesis of 2，3-dihydroindoles，indoles，and anilines by transition metal-free amination of aryl chlorides[J]. J. Org. Chem，2001(66)：1403-1412.

[9] VARNAVSKI O P，OSTROWSKI J C，SUKHOMLINOVA L，et al. Coherent effects in energy transport in model dendritic structures investigated by ultrafast fluorescence anisotropy spectroscopy[J]. J. AM. CHEM. SOC.，2002，124(8)：1736-743.

[10] McKEOWN N B，BADRIYA S，HELLIWELL M，et al. The synthesis of robust，polymeric hole-transport materials from oligoarylamine substituted styrenes[J]. J. Mater. Chem.，2007(17)：2088-2094.

[11] 王茜，郑文伟，程海峰，等.硫代双烯型金属配合物近红外染料研究进展[J].材料导报，2007，1(21)：60-66.

[12] KIM S H，HAN S K，KILN J，et al. A review of near-infrared laser protective dyes[J]. Dyes Pigm，1998，39(2)：77-82.

[13] 崔建中，程鹏，等.二硫代草酸根桥联的双核镍(Ⅱ)配合物研究[J].无机化学学报，2004，20(6)：748-752.

[14] 张晓平，程铸生.硫代双烯镍螯合型红外染料的合成[J].染料工业，1997，34(1)：28-30.

[15] 高昕，程助生.镍络硫代双烯型红外激光染料的研究[J].上海化工，1997，22(4)：18-20.

[16] CHEN P，LI J，et al. Study on the photooxidation of a near-frared-absorbing benzothiazolone cyanine dye[J]. Dyes and Pigments，1997，37(2)：213-218.

[17] 陈进明.硫代双烯型金属配合物的合成及其光谱性质的研究[D].长春：长春理工大学，2009.

[18] 王茜.硫代双烯型镍配合物的合成及性能研究[D].北京：国防科学技术大学，2007.

实验 5.3 有机光致变色化合物结构设计、合成、表征及性能测试

5.3.1 概述

光致变色现象是指一个化合物(A)在受到一定波长的光照下，进行光化学反应，生成产物(B)，由于化合物结构的改变导致其吸收光谱发生明显的变化即发生颜色变化，而在另一波长的照射下(或热的作用下)，又能恢复到原来状态的现象。就是说某一物质在两种状态之间的可逆变化，其中至少有一个方向的变化是由光辐射引起的，这个过程可用下式表示：

$$A \xrightarrow[\lambda_2/\text{其他}]{\lambda_1} B$$

其中，A、B 为同一物质的两种不同颜色状态；λ_1、λ_2 为两种不同的波长的光。基本特征是：①A、B 在一定条件下，都能稳定存在；②A 和 B 的颜色视觉差显著不同；③A 和 B 之间的变化是可逆的。光致变色材料应用十分广泛，其在光信息存储、光致变色仿生伪装、强闪光防护、

宇宙线的防护、辐射计量计以及光致变色涂料、光致变色纺织品、光致变色镀膜玻璃或夹层玻璃、墙体涂料、建筑物标示等各方面都有较为广阔的应用前景。根据光致变色化合物的化学成分可分为有机光致变色化合物和无机光致变色化合物,常见的无机类光致变色材料为卤化银;常见的有机类光致变色材料包含螺吡喃类,螺噁嗪类,俘精酸酐类,二芳杂环基乙烯类等。

5.3.2　实验设计与合成方法

1. 螺吡喃化合物

螺吡喃化合物的合成一般以苯肼和甲基异丙基甲酮为原料,通过缩合、在酸性条件下环化形成吲哚。吲哚与卤代烃反应生成吲哚盐,吲哚盐与邻羟基苯甲醛衍生物在碱性催化剂(六氢吡啶获三乙胺等)下反应,即得螺吡喃光致变色化合物。可以通过改变反应过程中的卤代烃或邻羟基苯甲醛衍生物的结构获得不同的螺吡喃化合物或引进反应官能团。

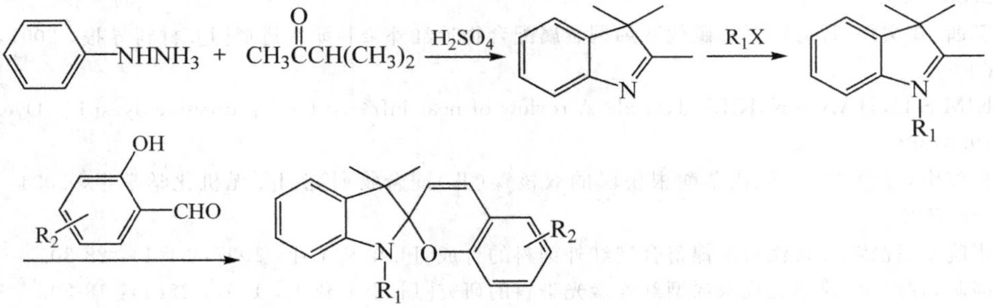

2. 螺噁嗪化合物

螺噁嗪化合物的合成与螺吡喃化合物相似,首先同样生成吲哚盐,然后在碱性条件下生成希弗碱,希弗碱再与 α-亚硝基-β-萘酚衍生物反应,即得螺噁嗪光致变色化合物。同样可以通过改变反应过程中的卤代烃或 α-亚硝基-β-萘酚衍生物的结构获得不同的螺噁嗪化合物或引进反应官能团。

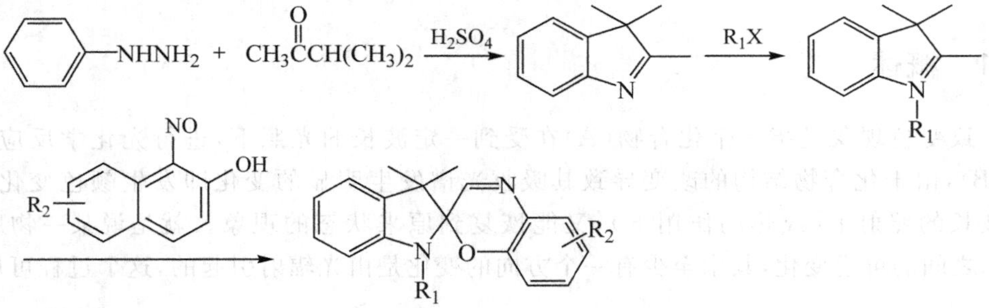

3. 俘精酸酐化合物

俘精酸酐的合成方法主要包括以下两种。

1) Stobbe 合成路线

由 Stobbe 提出的 Stobbe 缩合反应是合成俘精酸酐最主要,也是最常用的方法,反应过程如下所示。醛或酮与丁二酸二乙酯在碱的作用下,经过内酯中间体 A 得到单酯 B,这一过程称为 Stobbe 缩合反应。B 经酯化后,在碱的作用下,再与醛或酮进行 Stobbe 缩合反应,生成单酯 C。C 在 KOH 的乙醇溶液中水解得到二酸 D,D 脱水即得到俘精酸酐,常用的脱水剂有:乙酐、乙酰氯等。反应过程中原料中 R^{i+}($i=1\sim5$)基团的不同,可获得不同的产物。

2) Pd-催化羰基化路线

Kiji 等用取代的 1,4-丁炔二醇与一氧化碳,在 Pd 催化下,高压反应,制得了的俘精酸酐和相应的俘精酸。这种方法适合于合成空间排列比较拥挤的俘精酸酐,而利用 Stobbe 缩合反应时,难以合成空间拥挤的俘精酸酐,或者产率很低。但 Pd-催化的方法,不能用于合成芳香环上带有强供电子基团的俘精酸酐,如 N-甲基吲哚俘精酸酐,但可以合成芳香环上带有强吸电子基团的,如 N-苯磺酰基吲哚俘精酸酐(产率为 30%)。

5.3.3　仪器设备平台

1. 结构表征

主要测试仪器：傅里叶红外光谱仪，核磁共振仪

1）红外光谱

螺吡喃化合物 ν_{Ar-H} 在 $3100\sim3000cm^{-1}$ 附近；$\nu_{C=O}$ 在 $1650cm^{-1}$ 附近，开环体吸收峰增强；ν_{Ar-O-} 在 $1275\sim1220cm^{-1}$ 与 $1126cm^{-1}$ 附近；芳环 $\nu_{C=C}$ 在 $1610,1585,1500,1450cm^{-1}$ 有两个或两个以上的吸收峰；螺吡喃的特征峰在 $954cm^{-1}$；其他不同取代基会在对应位置出现不同特征吸收峰。

螺噁嗪化合物 ν_{Ar-H} 在 $3100\sim3000cm^{-1}$ 附近；$\nu_{C=O}$ 在 $1671cm^{-1}$ 附近，开环体吸收峰增强；$\nu_{C=N}$ 在 $1625cm^{-1}$ 附近；ν_{Ar-O-C} 在 $1237cm^{-1}$ 与 $1040cm^{-1}$ 附近；芳环 $\nu_{C=C}$ 在 $1605,1576,1510,1455cm^{-1}$ 有两个或两个以上的吸收峰；其他不同取代基会在对应位置出现不同特征吸收峰。

俘精酸酐化合物 $\nu_{O=C-O-C=O}$ 在 $1881cm^{-1}$，$1758cm^{-1}$ 附近，为酸酐特征吸收峰；其他不同取代基会在对应位置出现不同特征吸收峰。

2）氢核磁共振光谱

螺吡喃化合物的 Ar—H 质子信号出现在 $\delta6.43\sim7.20$ 处，含氧环上两个质子化学位移在 5.65 和 6.68 处，吲哚环碳上烷基化学位移在 $\delta1.08\sim1.30$ 处，吲哚环氮上烷基 α 氢化学位移在 $\delta2.65$ 附近，其他不同取代基会在对应位置出现相应的化学位移。

螺噁嗪化合物的 Ar—H 质子信号和 H—C＝N 质子信号出现在 $\delta6.58\sim7.82$ 处，吲哚环碳上烷基化学位移在 $\delta1.10\sim1.38$ 处，吲哚环氮上烷基 α 氢化学位移在 $\delta3.77$ 附近，其他不同取代基会在对应位置出现相应的化学位移。

俘精酸酐化合物酸酐官能团没有氢原子，其氢核磁共振光谱与其取代基相关。

2. 性能测试

主要测试仪器：紫外-可见-近红外分光光度计

1）溶剂效应测试

采用不同溶剂(不同溶剂极性常数)配制相同浓度的光致变色化合物溶液，经紫外灯照射相同时间后，测定开环体吸收光谱的最大吸收峰，绘制 λ_{max} 和 $Er(30)$ 曲线，考察相关性。

2）着色过程、褪色过程动力学测试

将光致变色化合物溶于相应的溶剂中，得到 $4.0\times10^{-4}mol/L$ 的溶液，将样品放在紫外灯下分别照射 $0\sim100s$，测定其紫外吸光度。选择开环时最的大吸收波长 λ_{max}，测量该波长处的吸光度，作 A-t 曲线，得到 λ_{max} 处 A-C 直线，得到吸光度-辐照时间曲线(着色动力学曲线)：$y=a+bx$。

对开环体回复性进行研究，同样将光致变色化合物溶于相应的溶剂中，得到 $4.0\times10^{-4}mol/L$ 的溶液，将样品放在紫外灯下照射足够时间，充分着色，然后分别在暗室、加热(不同温度)、可见光照射三种条件下进行回复，间隔相同时间分别测量开环体最的大吸收波长 λ_{max} 处的吸光度，以 $\ln[(A_t-A_\infty)/(A_0-A_\infty)]$ 对 t 作图，其中 A_0,A_t,A_∞ 分别为时间为 $0,t$，

∞时最大吸收峰的吸光度。开环体的褪色反应符合一级动力学方程,曲线斜率为开环体褪色速率常数。

　　3）稳定性的测定

　　将光致变色化合物溶于相应的溶液中,配成浓度为浓度为 10^{-5} mol/L 数量级的溶液,将它们平均分成两份,一份在常温日常可见光条件下保存,另一份在常温避光条件下保存,分别测定保存 10 天和 30 天后的紫外-可见吸收光谱。

　　取 4 mg 左右的光致变色化合物,使用差热热重联用仪对其进行恒温热重分析。

5.3.4　参考文献

[1]　孙宾宾,傅正生,陈洁.光致变色材料在军事领域的应用[J].陕西国防工业职业技术学院学报,2007(3):38-40.

[2]　PARTTHENOPOULOS D A,RENTZEPIS P M. Three-dimensional optical storage memory[J]. Science,1989(245):843-845.

[3]　DÜRR,H. BOUAS-LAURENT H. Photochromism:molecules and systems[J]. Elsevier. Amsterdam: 1990.

[4]　VLASSIOUK I,PARK C D. VAIL S A,et al. Control of nanopore wetting by a photo-chromic spiropyran:a light-controlled valve and electrical switch[J]. Nano Lett.,2006,6(5):1013-1017.

[5]　沈庆月,陆春华,许仲梓.光致变色材料的研究与应用[J].材料导报,2005,19(10):31-35.

[6]　蔡艳.光致变色材料研究的新进展[D].长春:东北师范大学,2009.

[7]　杨武利,胡建华,府寿宽.光致变色高分子体系[J].高分子通报,1998(4):65-72.

[8]　FAUGHNAN B W,CRANDALL R S,LAMPERT M A. Model for the bleaching of tungsten(Ⅵ) oxide electrochromic films by an electric field[J]. Applied Physics Letters,1975,27(5):275-277.

[9]　KORENEVA L G,BURMISTROVA L A,ZOLIN V F. Reversible photochemical reaction in aqueous solutions of complexes of lanthanides with phenanthroline[J]. Zhurnal Prikladnoi Spektroskopii, 1978,29(4):742-743.

[10]　郑向军,万永红,金林培,等.一个新颖的光致发光和光致变色铸配合物[J].科学通报,2001,46(22): 1861-1863.

[11]　HOVEY R J,FUCHSMAN C H,CHU N Y C,et al. Photochromic compound[P]. U S,4215010. 1980-09-16.

[12]　CHU N Y C. Photochromism of spiroindolinonaphthoxazine. Ⅰ. Photophysical properties[J]. Canadian Journal of Chemistry,1983,61(2):300-305.

[13]　HOSODA M. Photochromic compounds[P]. Eur. Pat. Appl,EP:186364,1986-04-25.

[14]　SENIER A,SHEPHEARD F G,CLARKE R. Phototropy and thermotropy. Ⅲ. Arylideneamines [J]. Journal of the Chemical Society,1912(101):1950-1958.

[15]　MALLORY F B,MALLORY C W,SEN L,et al. Photochemistry of stilbenes. 7. Formation of a dinaphthanthracene by a stilbene-like photocyclization[J]. Tetrahedron Letters,1985,26(32): 3773-3776.

[16]　SHINKAI S,OGAWA T,KUSANO Y,et al. Photoresponsive crown ethers. 4. Influence of alkali metal cations on photoisomerization and thermal isomerization of azobis (benzocrown ethers)[J]. Journal of the American Chemical Society,1982,104(7):1960-1967.

[17]　FIEBERT F. Spectroscopy of Biological Molecules[M]. Dordrecht,Holland: D. Reidel Publishing Co.,1984:347-349.

[18] BECKER R S, MICHL J. Photochromism of synthetic and naturally occurring 2H-chromenes and 2H-pyrans[J]. Journal of the American Chemical Society,1966,88(24): 5931-5933.

[19] ZHAO W L, CARREEIRA E M. Synthesis and photochromism of novel phenylene-linked photochromic bispyrans. Organ lett,2006(8): 99-102.

[20] IRIE M, SAYO K. Solvent effects on the photochromic reactions of diarylethene derivatives[J]. Journal of Physical Chemistry,1992, 96(19): 7671-7674.

[21] IRIE M. Molecular design and synthesis of photochromic diarylethenes[J]. Yuki Gosei Kagaku Kyokaishi,1991, 49(5): 373-82.

[22] STOBBE H. A product of the action of light on diphenylfulgid and the polymerization of phenylpropiolic acid[J]. Berichte der Deutschen Chemischen Gesellschaft,1907(40): 3372-3382.

[23] 桑安国. 吲哚取代俘精酸酐光致变色化合物的合成及性能研究[D].北京：北京服装学院,2011.

[24] 柏立岗. 光致变色建筑玻璃的研制[J].建筑科学,2007,23(6): 57-59.

[25] 王立艳,张国,肖立光,张春玉. 光致变色涂料的制备及性能研究[J].吉林工程技术师范学院学报,2008,24(10): 65-66.

[26] 蒋莹莹,朱平,董朝红,马晶. 光致变色化合物在毛织物上的应用[J].毛纺科技,2009,37(7): 1-6.

[27] 孙宾宾,傅正生,陈浩. 光致变色材料在军事领域的应用[J].陕西国防工业职业技术学院学报,2007,17(1): 38-40.

[28] 王广宇. 含功能基团的螺吡喃化合物的合成与性能研究[D].大连：大连理工大学,2008.

[29] LYUBIMOV A V,ZAICHENKO N,MAREVTSEV Y S. Phot. Chromic network polymers [J]. Phot. Chem. Photo.,1999, 120(1): 55-62.

[30] HELMUT G. Phothromism of nitrospiropyran : effect of structure,solvent and temperature[J]. Phys. Chem. Chem. Phys.,2001, 3(7): 416-423.

[31] 钟少峰. 光致变色化合物螺吡喃的合成及性能研究[D].武汉：华中师范大学,2003.

[32] CHEN Y, XIE N. Modulation of a fluorescent switch based on a controllable phot. chromic diarylethene shutter[J]. Mater. Chem.,2005, 31(8): 3229-3232.

[33] MALIC N, CAMPBELL J A, EVANS R A. Superior photochromic performance of naphthopyrans in a rigid host matrix using polymer conjugation: fast, dark, and tunable[J]. Macromolecules,2008, 41(4): 1206-1214.

[34] ERCOLE F, DAVOS T P, EVANS R A. Comprehensive modulation of naphthopyran photochromism in a rigid host matrix by applying polymer conjugation[J]. Macromolecules,2009, 42(5): 1500-1511.

[35] YOKOYAMA Y, SAGISAKA T, MIZUNO Y, et al. Role of the methoxy substituents on the photochromic indolyfulgides. Absorption maximum vs. molar absorption coefficient of the colored form[J]. Chem. Lett.,1996, 25(8): 587-588.

[36] UCHIDA S, YAMADA S, YOKOYAMA Y, et al. Steric effects of substituents on the photochromism of indolylfulgides[J], Bull. Chem. Soc. Jpn.,1995, 68(6): 1677-1682.

[37] THOMAS C J, WOLAK M A, BIRDGE R R, et al. Improved synthesis of indolyl fulgides [J]. J. Org. Chem.,2001, 66(5): 1914-1918.

[38] ISLAMOVA N I, Chen X, GARCIA S P, et al. Improving the stability of photochromic fluorinated indolyfulgides[J]. Photochem. Photobiol. A: Chem.,2008, 195(2-3): 228-234.

[39] 董文亮,赵宝祥,申东守,等. 2-(1-苯基-3-甲基-2-吲哚亚甲基)-3-亚异丙基丁二酸酐的合成及其光致变色性能研究[J].有机化学,2007,27(7): 847-851.

[40] OTTONI O, V F NEDER A, K B DIAS A, et al. Aquino acylation of indole under friedel-crafts

conditions-an improved method to obtain 3-acylindoles regioselectively［J］. Organic Letters，2001，3 (5)：1005-1007.

［41］ YEUNG K S，MICHELLE E F，QIU Z，et al. Friedel-crafts acylation of indoles in acidic imidazolium chloroaluminate ionic liquid at room temperature［J］. Tetrahedron Letters，2002，43 (2)：5793-5795.

［42］ JONES A W，WAHYUNINGSIH T D，PCHALEK K，et al. New reactivity patterns in activated indoles with 2-methyl substituents［J］. Tetrahedron，2005(61)：10490- 10500.

第6章

理论性实验

实验 6.1　Beckmann 重排

6.1.1　实验目的

1. 验证 Beckmann(贝克曼)重排反应;
2. 学习该反应的实验方法。

6.1.2　实验原理

肟在酸性试剂作用下发生分子重排生成酰胺。这种由肟变成酰胺的重排是一个很普遍的反应,叫做 Beckmann 重排。不对称的酮肟或醛肟进行重排时,通常羟基总是和在反式位置的烃基互换位置,即为反式位移。在重排过程中,烃基的迁移与羟基的脱除是同时发生的同步反应。该反应是立体专一性的,反应历程如下:

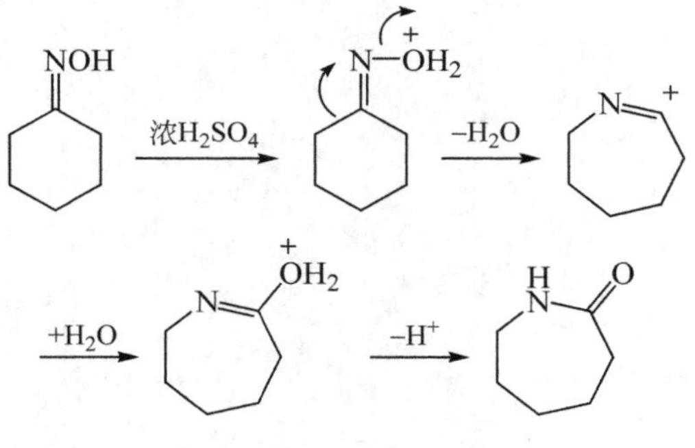

6.1.3　仪器与试剂

仪器:50mL 圆底烧瓶、温度计、直形冷凝管、分液漏斗等

试剂:环己酮肟(自制)、85% 硫酸溶液

6.1.4　实验步骤

1. 投料:在 400mL 烧杯中加入 5g 环己酮肟和 5mL 85% 的硫酸,搅拌溶解。
2. 反应:小火加热至反应开始(有气泡生成,110~120℃),立即撤掉热源,反应在数秒钟内完成,生成棕色黏稠状液体。

3. 冷却:在冰水中冷却至 5℃ 以下。

4. 调 pH:在搅拌状态下缓慢滴加 20% 的氨水至碱性,控温 20℃ 以下。pH7~9,滴加时间约为 30min。

5. 萃取:加 6~7mL 水溶解固体,每次用 5mL 的四氯化碳萃取三次,合并有机层。

6. 干燥:用无水硫酸镁干燥至澄清。

7. 蒸馏:蒸出多余的四氯化碳,大约剩 5mL,转移到干燥的烧杯中,稍冷后在 60℃ 下滴加石油醚,搅拌至有固体析出,继续冷却并搅拌使大量的固体析出。

8. 抽滤:冷却后抽滤,用石油醚洗涤一次。

6.1.5　注意事项

(1) 由于重排反应进行得很激烈,故须用大烧杯以利于散热,使反应缓和。环己酮肟的纯度对反应有影响。

(2) 用氨水进行中和时,开始要加得很慢,否则温度突然升高,影响产率。

(3) 滴加石油醚时一定要搅拌(有浑浊时可用玻璃棒有意摩擦烧杯壁,有利于晶体析出)。

6.1.6　思考题

1. 反式甲基乙基酮肟经贝克曼重排得到什么产物?

2. 某肟发生贝克曼重排得到 $C_3H_7\overset{O}{\underset{\|}{C}}NHCH_3$ 化合物试推测该肟的结构?

实验 6.2　Claisen 缩合

6.2.1　实验目的

1. 掌握克莱森(Claisen)酯缩合反应及互变异构现象;

2. 熟悉减压蒸馏操作。

6.2.2　实验原理

含有 α-氢的酯在碱性催化剂存在下,可与另一分子的酯发生克莱森酯缩合反应,生成 β-羰基酸酯。我们来制备乙酰乙酸乙酯。采用金属钠作催化剂,所制得的乙酰乙酸乙酯是一个酮式和烯醇式的混合物,在室温下含有 93% 的酮式及 7% 的烯醇式。反应式如下:

$$2CH_3COOC_2H_5 + C_2H_5Na \longrightarrow CH_3\overset{ONa}{\underset{|}{C}}=CH\overset{O}{\underset{\|}{C}}-OC_2H_5 + 2C_2H_5OH$$

$$CH_3\overset{ONa}{\underset{|}{C}}=CH\overset{O}{\underset{\|}{C}}-OC_2H_5 + CH_3COOH \longrightarrow CH_3\overset{O}{\underset{\|}{C}}-CH_2\overset{O}{\underset{\|}{C}}-OC_2H_5 + CH_3COONa$$

6.2.3 仪器与试剂

仪器：圆底烧瓶、球形冷凝器、分液漏斗、直形冷凝器、磨口锥形瓶、减压蒸馏装置

试剂：乙酸乙酯、金属钠、乙酸溶液（50%）、饱和氯化钠水溶液、无水硫酸镁、碳酸钠溶液（5%）

6.2.4 实验步骤

本实验所用的药品必须是无水的，所用仪器必须是干燥的。

取 100mL 干燥的圆底烧瓶，加入 25mL 乙酸乙酯及迅速切细的 2.5g 金属钠。在安装的球形冷凝器的上口连接一个氯化钙干燥管。在石棉网上直接小火加热。为防止反应过于剧烈，要控制火焰大小，保持反应物成微沸状态并有缓慢回流。直至金属钠完全作用完后，停止加热。此时，反应混合物呈透明橘红色并有绿色荧光的液体，同时有黄白色沉淀物析出。待反应混合物稍冷后，在摇动和冷水浴下，缓慢加入 20mL 50% 乙酸溶液，加入适量的饱和氯化钠溶液，使反应混合物呈弱酸性及固体沉淀物溶解。用分液漏斗分出上层酯层，用pH 试纸检验酯层，如仍呈酸性，再用 5% 碳酸钠溶液中和，分出酯层，倒入干燥的磨口锥形瓶中，加入无水硫酸镁干燥。

按水浴蒸馏装置安装仪器，将粗乙酰乙酸乙酯倒入干燥的 50mL 圆底烧瓶中，加入 1～2 粒沸石，水浴上加热，蒸出乙酸乙酯，倒入回收瓶中。

按减压蒸馏装置安装仪器。减压蒸馏粗乙酰乙酸乙酯。减压蒸馏开始时，应缓慢加热，待残留的低沸物蒸出后，再加大火焰，收集乙酰乙酸乙酯。所收集的馏分的沸点可根据下表所对应的压力而定。

乙酰乙酸乙酯沸点与压力的关系表

压力/kPa	1.67	1.87	2.40	4.00	5.33	8.00	10.67	13.33	24.13
沸点/℃	71	74	79	88	92	94	97	100	181

乙酰乙酸乙酯的互变异构现象可通过以下试验来验证。

取 2～3 滴样品溶于 2mL 水中，加入 1 滴 1% 三氯化铁水溶液，观察现象。再加入溴水至溶液颜色褪去为止，静置观察颜色变化。颜色显现后，再加溴水，多次重复，观察现象。

6.2.5 注意事项

（1）金属钠遇水即燃烧、爆炸，所以使用时防止与水接触。在称取及切碎的过程中应当迅速。由于金属钠颗粒的大小直接影响反应的快慢，所以，在切去表面氧化层后，应把金属钠切成薄片，再立刻移入盛有乙酸乙酯的瓶中，尽量缩短金属钠与空气接触的时间。

（2）金属钠全部作用完所需时间，取决于钠的颗粒大小，如有少量的钠未反应并不妨碍下一步操作。

（3）用乙酸中和时，应避免加入过量，否则会增加酯在水中的溶解度而降低收率。

（4）由于乙酰乙酸乙酯在常压下蒸馏时，很容易分解而降低产率，故采用减压蒸馏。

（5）本实验最好连续进行。间隔时间过长,会降低产率。

6.2.6　思考题

1. 为什么本实验要求所用的仪器都是干燥的? 否则,会有何影响?
2. 加入 50％醋酸溶液及饱和氯化钠水溶液的目的是什么?

实验 6.3　安息香缩合（辅酶合成）

6.3.1　实验目的

1. 学习安息香辅酶合成的制备原理和方法;
2. 进一步掌握回流、重结晶等基本操作。

6.3.2　实验原理

苯甲醛在 NaCN 作用下,于乙醇中加热回流,两分子苯甲醛之间发生缩合反应,生成二苯乙醇酮（benzoin 安息香）。

$$2 \ \text{Ph—CHO} \xrightleftharpoons{\text{CN}^-} \ \text{Ph—CO—CH(OH)—Ph}$$

本法用维生素 B$_1$（thiamine）盐酸盐代替氰化物辅酶催化安息香缩合反应。优点:无毒,反应条件温和,产率较高。

$$2 \ \text{Ph—CHO} \xrightleftharpoons[60\sim75℃]{\text{VB}_1} \ \text{Ph—CO—CH(OH)—Ph}$$

反应机理为

1. CN⁻ 催化

$$\text{PhCHO} + \text{CN}^- \rightleftharpoons \left[\text{Ph—}\underset{\text{CN}}{\overset{\text{O}^-}{\text{C}}}\text{—H} \rightleftharpoons \text{Ph—}\underset{\text{CN}}{\overset{\text{OH}}{\text{C}}} \right] \xrightarrow{\text{PhCHO}}$$

$$\underset{\text{CN}}{\overset{\text{OH}}{\text{Ph—C}}}\text{—}\underset{\text{O}^-}{\text{CH—Ph}} \rightleftharpoons \underset{\text{CN}}{\overset{\text{O}^-}{\text{Ph—C}}}\text{—}\underset{\text{OH}}{\text{CH—Ph}} \rightleftharpoons \text{Ph—C—CH—Ph} + \text{CN}^-$$

2. VB₁ 催化

因为 NaCN 剧毒,本实验用 VB$_1$ 作催化剂,代替 NaCN,其催化机理为

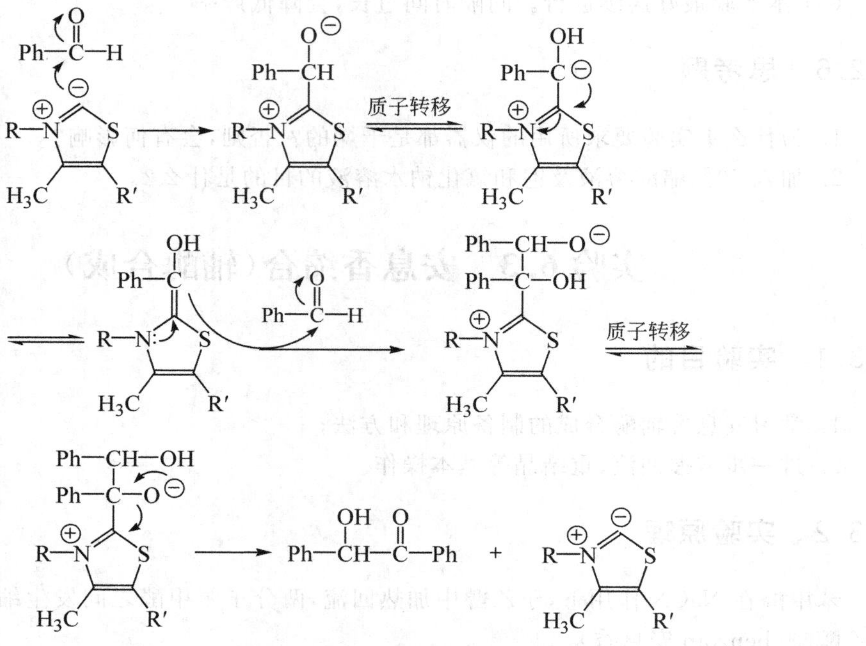

6.3.3 仪器与试剂

仪器：100mL 锥形瓶、空气冷凝管、抽滤瓶、布氏漏斗、水浴锅 250mL 烧杯 1 个、滤纸、表面皿、刮刀、试管、250mL 三角瓶 1 个、10mL、5mL、100mL 量筒、玻璃棒、红外灯

试剂：PhCHO（新蒸）、维生素 B$_1$、10％NaOH、95％乙醇、80％乙醇、活性炭

6.3.4 实验步骤

1. 合成

（1）在 50mL 圆底烧瓶中加入 1.0gVB$_1$（盐酸硫胺素盐噻胺）、2mL 蒸馏水、8mL 95％乙醇，用塞子塞上瓶口，放在冰盐浴中冷却。

（2）用一支试管取 2mL 10％NaOH 溶液，也放在冰盐浴中冷却 10min。

（3）用小量筒取 5mL 新蒸苯甲醛，将冷透的 NaOH 溶液滴加入冰浴中的圆底烧瓶中，并立即将苯甲醛加入，充分摇匀（pH：9～10）。然后按装置图装配，加入沸石。

（4）温水浴中加热反应，水浴温度控制在 60～75℃ 之间（不能使反应物剧烈沸腾），80～90min（反应混合物呈橘黄或橘红色均相溶液）。

2. 后处理

撤去水浴，待反应物冷至室温，析出浅黄色结晶，再放入冰浴中冷却使之结晶完全。若出现油层，重新加热使其变成均相，再缓慢冷却结晶。

用布氏漏斗抽滤收集粗产物，用 25mL 冷水分两次洗涤。称重，用 80％乙醇进行重结晶，如产物呈黄色，可用少量活性炭脱色。产品（白色晶体）在空气中晾干后，称量质量。

6.3.5 注意事项

（1）VB₁ 在酸性条件下稳定，但易吸水，在水溶液中易被空气氧化失效。遇光和 Fe、Cu、Mn 等金属离子可加速氧化。在 NaOH 溶液中嘧唑环易开环失效。因此 NaOH 溶液在反应前必须用冰水充分冷却，否则，VB₁ 在碱性条件下会分解，这是本实验成败的关键。反应式如下。

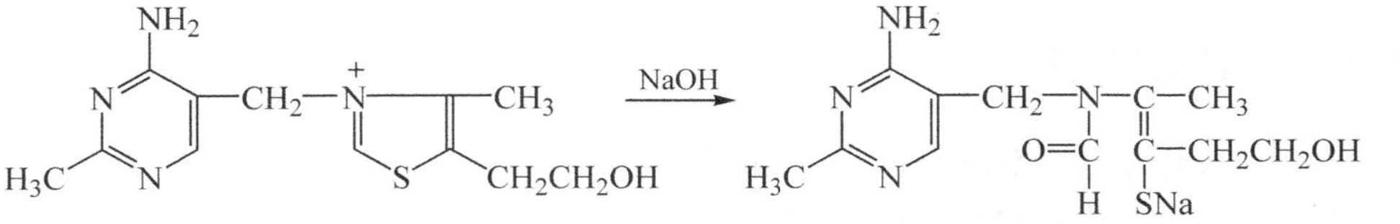

（2）反应过程中，溶液在开始时不必沸腾，反应后期可适当升高温度至缓慢沸腾（80～90℃）。

（3）加入试剂量应准确。

（4）若需脱色活性炭，加入 0.15g 左右。

6.3.6 思考题

1．为什么要向维生素 B₁ 溶液中加入氢氧化钠？

2．pH 的控制为什么在 8～9 之间？

实验 6.4　Pinacol 重排

6.4.1 实验目的

1．学习苯频哪醇的光化学制备原理和方法；

2．学习苯频哪醇重排的原理和条件；

3．巩固重结晶操作。

6.4.2 实验原理

二苯甲酮溶于一种"质子给予体"的溶剂中，如异丙醇中，暴露在紫外光中，形成一种不溶性的二聚体——苯频哪醇，苯频哪醇在酸性环境下发生 Pinacol 重排生成苯频哪酮。反应式为

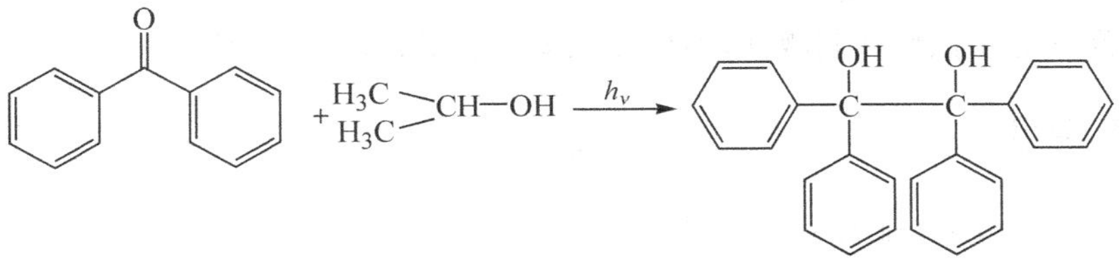

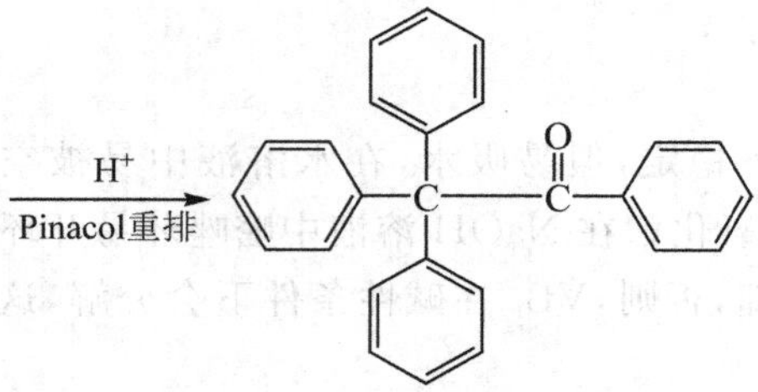

$$\xrightarrow[\text{Pinacol重排}]{H^+}$$

6.4.3　仪器与试剂

仪器：圆底烧瓶、回流冷凝管、水浴箱、烧杯

试剂：二苯甲酮、异丙醇、冰醋酸、碘、乙醇、冰

6.4.4　实验步骤

1．粗产品的制备

光化学反应：将 2.8g 二苯甲酮和 20mL 异丙醇加入圆底烧瓶或大试管内，温水浴使二苯甲酮溶解，向试管内滴加冰醋酸，充分振荡后再补加异丙醇至试管口，以使反应在无空气条件下进行。用玻璃塞将试管塞住，再将试管置于烧杯中，并放在光照良好的窗台上光照一周。

2．粗品精制

反应完成后有无色晶体析出。在冰水浴中冷却析出完全。过滤，少量异丙醇洗涤，干燥后得苯频哪醇，称量，计算产率。

3．苯频哪醇的重排

在 50mL 圆底烧瓶中加入 1.5g 苯频哪醇、8mL 冰醋酸和 1 粒碘，安装回流装置，加热回流 10min。稍冷后加入 8mL 95％的乙醇，充分振摇后自行冷却后结晶，减压过滤，少量冷乙醇洗涤，干燥后得重排产物苯频哪酮，计算产率。

6.4.5　注意事项

（1）本实验的关键：二苯甲酮的光化学反应应避免空气影响，选择适当的光照强度、时间及酸碱性。

（2）乙醇、异丙醇等有机物易燃。

（3）冰醋酸有腐蚀性和刺激性，不要接触皮肤和眼睛，勿吸入其蒸气。

6.4.6　思考题

1．写出苯频哪醇重排的反应机理。

2．写出二苯甲酮在"质子给予体"的溶剂中，在紫外光作用下形成苯频哪醇的反应机理。

实验 6.5　Mannich 反应（胺甲基化反应）

6.5.1　实验目的

1. 通过曼尼希（Mannich）反应制备 α-甲基-β-二甲氨基苯丙酮盐酸盐，掌握 Mannich 碱的制备方法；
2. 熟悉有机碱化合物的性质。

6.5.2　实验原理

凡具活性 α-氢的化合物与甲醛（或其他醛）、胺进行缩合，生成氨甲基衍生物的反应称 Mannich 反应，也称 α-氨烷基化反应。能够发生 Mannich 反应的活性氢化合物有醛、酮、酸、酯、腈、硝基烷、炔、酚及某些杂环化合物等，所用的胺可以是伯胺、仲胺或氨，其产物常称为 Mannich 碱或 Mannich 盐。

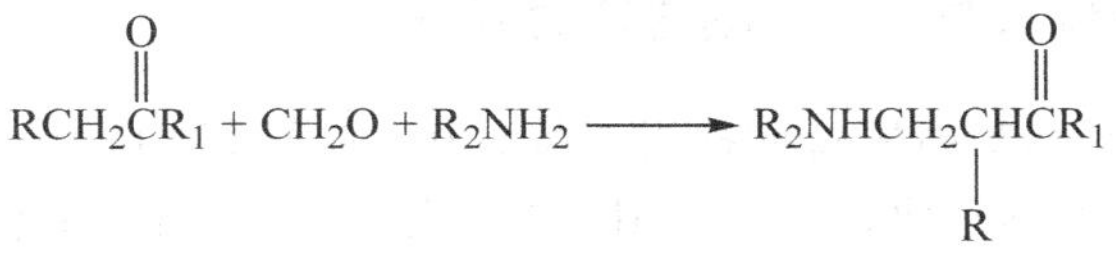

$$RCH_2\overset{\overset{\displaystyle O}{\|}}{C}R_1 + CH_2O + R_2NH_2 \longrightarrow R_2NHCH_2\underset{\underset{\displaystyle R}{|}}{C}H\overset{\overset{\displaystyle O}{\|}}{C}R_1$$

Mannich 反应可在酸或碱催化下进行，典型的 Mannich 反应中须有一定浓度的质子才有利于形成亚甲胺碳正离子，因此反应所用的胺常为盐酸盐。一般 pH 在 7～3 之间，必要时可加入少量酸（盐酸或醋酸）调节，pH 过小可影响活泼氢化合物的离解，对反应有抑制作用。合适的 pH 需根据具体反应来决定。此外，质子的存在可促使聚甲醛解聚和防止某些 Mannich 碱在加热过程中分解。用此法得到的产品为 Mannich 盐酸盐，必须再经碱中和后得 Mannich 碱。本实验的反应式如下：

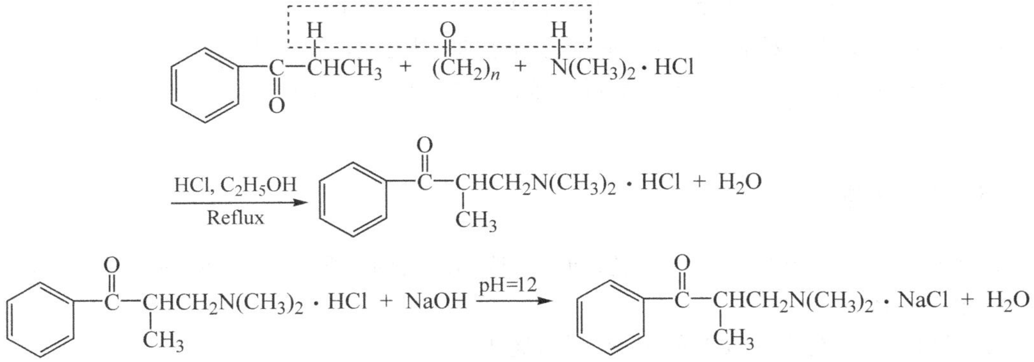

6.5.3　仪器与试剂

仪器：250mL 锥型瓶、250mL 茄形瓶、蒸馏头、直形冷凝管、球形冷凝管、双支真空接收管、集热式磁力搅拌器干燥管、电加热套、真空干燥器

试剂：苯丙酮、二甲胺盐酸盐、多聚甲醛、乙醇、盐酸、丙酮、乙醚、氢氧化钠、无水硫酸镁

6.5.4 实验步骤

1．仪器的安装

（1）在 250mL 锥形瓶上安装球形冷凝管。采用电热套加热。

（2）在内置有 250mL 茄形瓶上，安装蒸馏头，依次连接直形冷凝管、双支真空接收管和茄形瓶。采用集热式磁力搅拌器搅拌并加热。

2．α-甲基-β-二甲氨基苯丙酮盐酸盐的制备

在 250mL 锥形瓶中，加入苯丙酮、多聚甲醛、二甲胺盐酸盐、75mL 乙醇和 2mL 盐酸，回流 5h。将反应液转移至 250mL 茄形瓶中，沸水浴加热，常压蒸馏大部分乙醇，稍降温后，用水泵减压蒸尽剩余的乙醇。冷却，溶液将有白色结晶析出，抽滤，滤饼用无水丙酮洗涤，压干。产物在真空干燥器里干燥至质量恒定，称量质量，计算产量和产率。

3．α-甲基-β-二甲氨基苯丙酮乙醚溶液的制备

将 α-甲基-β-二甲氨基苯丙酮盐酸盐置于烧杯中，加入 20mL 水溶解。滴加 20％氢氧化钠溶液至 pH＞12。用乙醚萃取，每次 25mL，共 3 次，合并乙醚萃取液，用 20mL 水洗 1 次，转移到干燥的 250mL 锥形瓶中，用无水硫酸镁干燥，即得。

6.5.5 注意事项

（1）加入 2mL 盐酸回流 1h 后，若多聚甲醛没有全部解聚，可以再加入 1mL 盐酸，以促进其解聚；反应初期加热温度不要过高，回流的速度应缓慢，防止甲醛解聚过快而造成挥发。

（2）蒸馏乙醇时，用沸水浴为宜，可防止温度过高，使产物分解。

（3）α-甲基-β-二甲氨基苯丙酮盐酸盐易溶于水，因此应注意无水操作。

（4）无水丙酮洗涤 α-甲基-β-二甲氨基苯丙酮盐酸盐的目的主要是除去没有反应的苯丙酮。

6.5.6 思考题

1. Mannich 反应在酸性条件下进行时，一般用胺类的盐酸盐，必要时加少量盐酸，那么酸的作用是什么？

2. 指出下列优先发生反应的位置，写出优势产物。

实验 6.6 Diels-Alder 反应（双烯合成）

6.6.1 实验目的

1. 通过环戊二烯和对苯醌或马来酸酐的加成（Diels-Alder 反应）验证环加成反应；
2. 熟练处理固体产物操作；
3. 学习利用薄层色谱观察原料色点的逐步消失，以证明反应完成与否。

6.6.2 实验原理

共轭二烯与含活泼双键或叁键的化合物（称为亲双烯体）的 1,4-加成反应成为 Diels-Alder 反应。

Diels-Alder 反应一般具有如下特点：

（1）反应条件简单，通常在室温或在适当的溶剂中回流即可；

（2）产率高，特别是当使用高纯度的试剂和溶剂时，反应几乎是定量进行的；

（3）副反应少，产物易于分离纯化；

（4）反应具有高度的立体专一性。

环戊二烯与顺丁烯二酸酐的加成产物中内型占绝对优势。

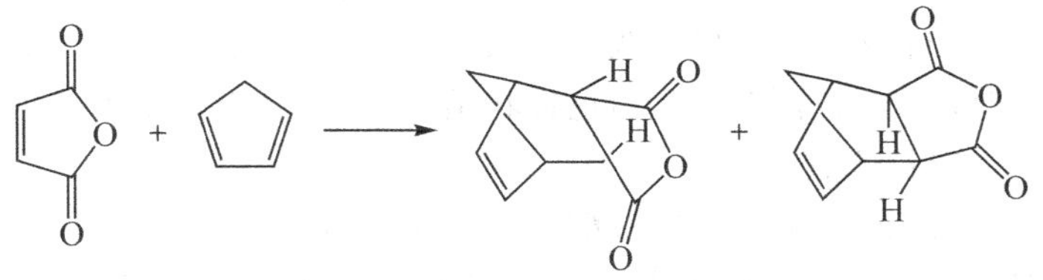

内型>98.5%　　　外型<1.5%

呋喃与顺丁烯二酸酐的加成反应只得到外型产物。

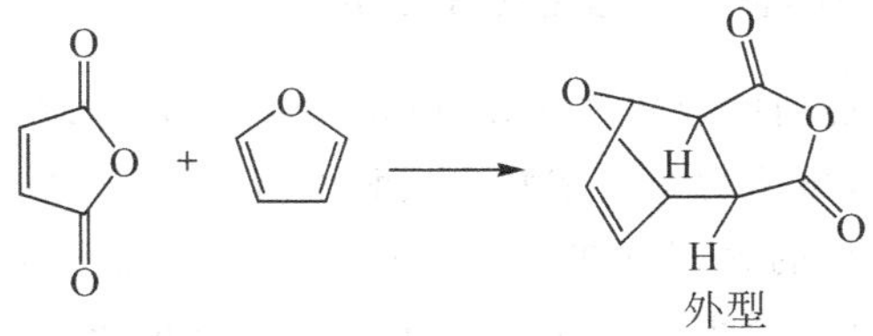

外型

这个反应初期同时生成了内型和外型两种产物，但由于外型是热力学稳定的产物，因此在室温下放置一天后便只剩下外型一种产物。

蒽与顺丁烯二酸酐的加成产物：

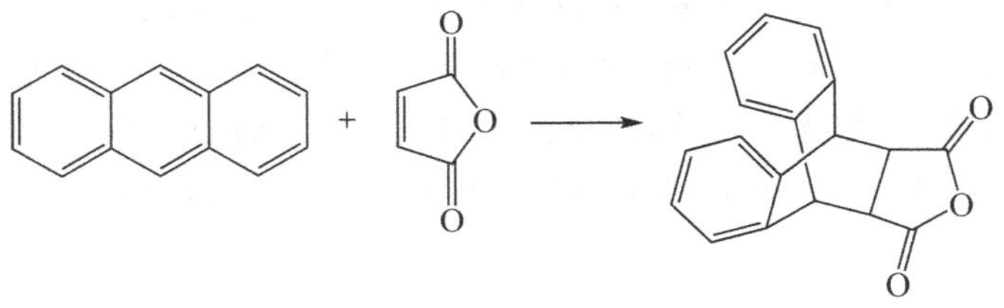

反应原料蒽在紫外光照射下可激发荧光,故可用薄层层析法检测蒽的消耗情况,以判断反应是否达到了终点。反应是可逆的,当反应到达平衡后溶液中仍有少量的蒽,因而荧光并不能完全消失,但荧光颜色的浓淡可作定性判断的依据。蒽的浓溶液点在薄层板上,在紫外光照射下显现强烈的蓝绿色荧光,当浓度很低时为蓝紫色荧光。

6.6.3　仪器与试剂

仪器:50mL锥型瓶、25mL圆底烧瓶、冷凝管、干燥管、试管、薄层板、电吹风、紫外灯

试剂:顺丁烯二酸酐、蒽、乙酸乙酯(无水硫酸钠干燥)、60～90℃石油醚(无水氯化钙干燥)、环戊二烯(在170℃以上的油浴上分馏收集到的40～45℃的馏分,放入冰箱保存)、稀高锰酸钾溶液、稀溴四氯化碳溶液、二甲苯(无水氯化钙干燥)、无水乙醚、30～60℃石油醚

6.6.4　实验步骤

1. 内型降冰片烯-顺-5,6-二羧酸酐的合成

在干燥的50mL锥型瓶中加入2g(0.02mol)顺丁烯二酸酐和7mL乙酸乙酯,在水浴上温热溶解后加入7mL石油醚(60～90℃),振荡均匀后置冰浴中冷却(此时可能有少许的固体析出,但不影响反应)。加入2mL (1.6g,0.024mol)新蒸的环戊二烯,振荡反应,必要时在冰浴中冷却,以防止环戊二烯挥发损失。待反应不再放热时,瓶内已有白色晶体析出。用水浴加热使晶体溶解,再缓慢冷却,得到白色针状结晶。抽滤,收集晶体,干燥后重约2.4g,熔点应为164～165℃,测其熔点。

加成产物内型降冰片烯-顺-5,6-二羧酸酐分子中仍保留有双键,可使高锰酸钾或溴四氯化碳溶液褪色。该产物遇水或吸收空气的水汽易水解成相应的二元羧酸,故应保存在干燥器中。

2. 9,10-二氢蒽-9,10-α,β-丁二羧酸酐的合成

在25mL干燥的圆底烧瓶中放置1g(5.6mmol)蒽及0.56g(5.7mmol)顺丁烯二酸酐,加入13mL二甲苯和沸石,振荡均匀。在瓶口安装回流冷凝管,在冷凝管上口安装氯化钙干燥管。在一支试管中将少许的蒽溶解在约0.5mL二甲苯中制成饱和溶液作对照。

用不同的平口毛细管(直径小于0.1mm)分别吸取圆底烧瓶中的反应液和试管中的对照液在同一块薄层板上点样,电吹风吹干后,用1∶1石油醚(30～60℃)-无水乙醚展开,在紫外灯下,用铅笔描出斑点轮廓位置,计算蒽的R_f值。

空气浴加热回流10min,移开热源,稍冷后用平口毛细管取样,依前方法在薄层板上点样展开,在紫外灯下观察蒽的荧光斑点的颜色及浓淡变化,并描出斑点位置。

重新加热回流,每过10min检测一次,直至蒽的蓝紫色变得很淡时为止,共需要回流约40min。在回流期间需间歇振荡装置,将反应瓶内壁上结出的晶体荡入反应液中。

待反应混合物冷至室温,抽滤,得到黄白色产物约1.2g,可以用二甲苯重结晶。熔点为263～264℃。

6.6.5 注意事项

（1）顺丁烯二酸酐及其加成产物都易水解成相应二元羧酸,故所用全部仪器、试剂及溶剂均需干燥,并注意防止水或水汽进入反应系统。

（2）环戊二烯在室温下易聚合为二聚体,市售环戊二烯都是二聚体。二聚体在 170℃ 以上可以解聚为环戊二烯。

（3）延长回流时间可以提高收率,如回流 2h,粗产品收率一般在 90% 以上。此外,试剂的纯度及反应系统的干燥程度也都明显影响收率。

6.6.6 思考题

1. 什么叫周环反应? 包含哪几类反应?
2. 怎样才能提高双烯合成的产率?

实验 6.7 Hofmann 酰胺降解

6.7.1 实验目的

1. 学习和掌握霍夫曼反应的原理和应用;
2. 学习和掌握冰盐浴的使用方法。

6.7.2 实验原理

酰胺与次氯酸钠或次溴酸钠的碱溶液作用时,脱去羰基生成伯胺,在反应中使碳链减少一个碳原子,这是霍夫曼所发现制胺的一个方法,通常称为霍夫曼（Hofmann）降解反应。在反应过程中由于发生了重排,所以又称为霍夫曼重排反应。该反应过程虽然很复杂,但其反应产率较高。以邻苯二甲酰亚胺制取邻氨基苯甲酸的反应历程如下。

邻氨基苯甲酸制备反应式:

其反应机理为:

6.7.3 仪器与试剂

仪器：200mL 圆底烧瓶、冰盐浴、磁力搅拌器、抽滤装置

试剂：邻苯二甲酰亚胺、氢氧化钾、溴素、亚硫酸氢钠、浓盐酸、冰醋酸

6.7.4 实验步骤

在 200mL 圆底烧瓶中加入 18mL 50％的氢氧化钾溶液，在搅拌下分 3 批加入 50g 碎冰，并将烧杯用冰盐浴冷却使温度降至 −15℃，滴加 5g（2mL）溴，调节滴加速度使温度不超过 10℃。在全部溴溶解后，分批加入 5g（0.034mol）研细的邻苯二甲酰亚胺，注意将温度保持在 0℃以下。然后将透明反应液冷至 −5℃，加入 5g 粉末状氢氧化钾，再搅拌 0.5h。然后将溶液缓慢加热至 70℃，加入 2.5mL 36％亚硫酸氢钠溶液，冷却，过滤，滤液应该淡而透明。向滤液中加入 8~10mL 浓盐酸，需要注意溶液仍应保持碱性，再加入大约 6mL 冰醋酸使邻氨基苯甲酸析出。放置，过滤，用少量冷水冲洗，干燥，得邻氨基苯甲酸，称量质量，计算产率。

6.7.5 注意事项

（1）溴是易挥发、有刺激性和腐蚀性的红棕色液体，量取最好用移液管，在通风橱中进行，防止溴灼伤。

（2）反应须在低温下进行，因为在较高温度下生成含溴的杂质以及难以除掉的树脂状物质，使产物带暗色并大大降低其产率。

（3）加入亚硫酸氢钠溶液使过量的次溴酸钾分解。

6.7.6 思考题

1. 本实验中，溴和氢氧化钠的量不足或有较大过量有什么不好？

2. 邻氨基苯甲酸的碱性溶液，加盐酸使之恰成中性后，为什么不再加盐酸而是加适量醋酸使邻氨基苯甲酸完全析出？

附录 A　常用元素相对原子质量表

元素的相对原子质量(以^{12}C＝12 为基准)列于附表。相对原子质量后面括号中的数字是末位数的不确定度,未标明的不确定度为 1。

国际相对原子质量表(^{12}C＝12.00)
——2007 standard atomic weights

原子序数	符号	名称	英文名	相对原子质量	原子序数	符号	名称	英文名	相对原子质量
1	H	氢	hydrogen	1.00794(7)	21	Sc	钪	scandium	44.95591(8)
2	He	氦	helium	4.002602(2)	22	Ti	钛	titanium	47.867(1)
3	Li	锂	lithium	[6.941(2)]	23	V	钒	vanadium	50.9415(1)
4	Be	铍	beryllium	9.012182(3)	24	Cr	铬	chromium	51.9961(6)
5	B	硼	boron	10.811(7)	25	Mn	锰	manganese	54.938049(9)
6	C	碳	carbon	12.0107(8)	26	Fe	铁	iron	55.845(2)
7	N	氮	nitrogen	14.00674(7)	27	Co	钴	cobalt	58.9332(9)
8	O	氧	oxygen	15.9994(3)	28	Ni	镍	nickel	58.6934(2)
9	F	氟	fluorine	18.9984032(5)	29	Cu	铜	copper	63.546(3)
10	Ne	氖	neon	20.1797(6)	30	Zn	锌	zinc	65.39(2)
11	Na	钠	sodium	22.98977(2)	31	Ga	镓	gallium	69.723(1)
12	Mg	镁	magnesium	24.305(6)	32	Ge	锗	germanium	72.61(2)
13	Al	铝	aluminium	26.981538(2)	33	As	砷	arsenic	74.9216(2)
14	Si	硅	silicon	28.0855(3)	34	Se	硒	selenium	78.96(3)
15	P	磷	phosphorus	30.973762(4)	35	Br	溴	bromine	79.904(1)
16	S	硫	sulphur	32.066(6)	36	Kr	氪	krypton	83.8(1)
17	Cl	氯	chlorine	35.4527(9)	37	Rb	铷	rubidium	85.4678(3)
18	Ar	氩	argon	39.948(1)	38	Sr	锶	strontium	87.62(1)
19	K	钾	potassium	39.0983(1)	39	Y	钇	yttrium	88.90585(2)
20	Ca	钙	calcium	40.078(4)	40	Zr	锆	zirconium	91.224(2)

续表

原子序数	符号	名称	英文名	相对原子质量	原子序数	符号	名称	英文名	相对原子质量
41	Nb	铌	niobium	92.90638(2)	77	Ir	铱	iridium	192.217(3)
42	Mo	钼	molybdenum	95.94(1)	78	Pt	铂	platinum	195.078(2)
43	Tc	锝	technetium	[98]	79	Au	金	gold	196.96655(2)
44	Ru	钌	ruthenium	101.07(2)	80	Hg	汞	mercury	200.59(2)
45	Rh	铑	rhodium	102.9055(2)	81	Tl	铊	thallium	204.3833(2)
46	Pd	钯	palladium	106.42(1)	82	Pb	铅	lead	207.2(1)
47	Ag	银	silver	107.8682(2)	83	Bi	铋	bismuth	208.98038(2)
48	Cd	镉	cadmium	112.411(8)	84	Po	钋	polonium	[210]
49	In	铟	indium	114.818(3)	85	At	砹	astatine	[210]
50	Sn	锡	tin	118.71(7)	86	Rn	氡	radon	[222]
51	Sb	锑	antimony	121.76(1)	87	Fr	钫	francium	[223]
52	Te	碲	tellurium	127.6(3)	88	Ra	镭	radium	[226]
53	I	碘	iodine	126.90447(3)	89	Ac	锕	actinium	[227]
54	Xe	氙	xenon	131.29(2)	90	Th	钍	thorium	232.0381(1)
55	Cs	铯	caesium	132.90545(2)	91	Pa	镤	protactinium	231.03588(2)
56	Ba	钡	barium	137.327(7)	92	U	铀	uranium	238.0289(1)
57	La	镧	lanthanum	138.9055(2)	93	Np	镎	neptunium	[237]
58	Ce	铈	cerium	140.116(1)	94	Pu	钚	plutonium	[244]
59	Pr	镨	praseodymium	140.90765(2)	95	Am	镅	americium	[243]
60	Nd	钕	neodymium	144.24(3)	96	Cm	锔	curium	[247]
61	Pm	钷	promethium	[145]	97	Bk	锫	berkelium	[247]
62	Sm	钐	samarium	150.36(3)	98	Cf	锎	californium	[251]
63	Eu	铕	europium	151.964(1)	99	Es	锿	einsteinium	[252]
64	Gd	钆	gadolinium	157.25(3)	100	Fm	镄	fermium	[257]
65	Tb	铽	terbium	158.92534(2)	101	Md	钔	mendelevium	[258]
66	Dy	镝	dysprosium	162.5(3)	102	No	锘	nobelium	[259]
67	Ho	钬	holmium	164.93032(2)	103	Lr	铹	lawrencium	[262]
68	Er	铒	erbium	167.26(3)	104	Rf	𬬻	rutherfordium	[261]
69	Tm	铥	thulium	168.93421(2)	105	Db	𬭊	dubnium	[262]
70	Yb	镱	ytterbium	173.04(3)	106	Sg	𬭳	seaborgium	[266]
71	Lu	镥	lutetium	174.967(1)	107	Bh	𬭛	bohrium	[264]
72	Hf	铪	hafnium	178.49(2)	108	Hs	𬭶	hassium	[269]
73	Ta	钽	tantalum	180.9479(1)	109	Mt	鿏	meitnerium	[268]
74	W	钨	tungsten	183.84(1)	110	Ds	𫟼	darmstadtium	[269]
75	Re	铼	rhenium	186.207(1)	111	Rg	𬬭	roentgenium	[272]
76	Os	锇	osmium	190.23(3)	112	Cn	鿔	copernicium	[277]

附录 B　常用有机溶剂物理性质

常用溶剂的沸点、溶解性和毒性

溶剂名称	沸点/℃ (101.3kPa)	溶　解　性	毒　　性
液氨	−33.35	特殊溶解性：能溶解碱金属和碱土金属	剧毒性、腐蚀性
液态二氧化硫	−10.08	溶解胺、醚、醇苯酚、有机酸、芳香烃、溴、二硫化碳及多数饱和烃不溶	剧毒性
甲胺	−6.3	是多数有机物和无机物的优良溶剂，液态甲胺与水、醚、苯、丙酮、低级醇混溶，其盐酸盐易溶于水，不溶于醇、醚、酮、氯仿、乙酸乙酯	中等毒性，易燃
二甲胺	7.4	是有机物和无机物的优良溶剂，溶于水、低级醇、醚、低极性溶剂	强刺激性
石油醚		不溶于水，与丙酮、乙醚、乙酸乙酯、苯、氯仿及甲醇以上高级醇混溶	与低级烷相似
乙醚	34.6	微溶于水，易溶于盐酸，与醇、醚、石油醚、苯、氯仿等多数有机溶剂混溶	麻醉性
戊烷	36.1	与乙醇、乙醚等多数有机溶剂混溶	低毒性
二氯甲烷	39.75	与醇、醚、氯仿、苯、二硫化碳等有机溶剂混溶	低毒性，麻醉性强
二硫化碳	46.23	微溶于水，与多种有机溶剂混溶	麻醉性，强刺激性
溶剂石油脑		与乙醇、丙酮、戊醇混溶	较其他石油系溶剂大
丙酮	56.12	与水、醇、醚、烃混溶	低毒性，类乙醇，但毒性较大
1,1-二氯乙烷	57.28	与醇、醚等大多数有机溶剂混溶	低毒性、局部刺激性
氯仿	61.15	与乙醇、乙醚、石油醚、卤代烃、四氯化碳、二硫化碳等混溶	中等毒性，强麻醉性
甲醇	64.5	与水、乙醚、醇、酯、卤代烃、苯、酮混溶	中等毒性，麻醉性
四氢呋喃	66	优良溶剂，与水混溶，很好的溶解乙醇、乙醚、脂肪烃、芳香烃、氯化烃	吸入微毒，经口低毒
己烷	68.7	甲醇部分溶解，比乙醇高的醇、醚丙酮、氯仿混溶	低毒性，麻醉性，刺激性
三氟代乙酸	71.78	与水、乙醇、乙醚、丙酮、苯、四氯化碳、己烷混溶，溶解多种脂肪族、芳香族化合物	微毒性
1，1，1-三氯乙烷	74.0	与丙酮、甲醇、乙醚、苯、四氯化碳等有机溶剂混溶	低毒性
四氯化碳	76.75	与醇、醚、石油醚、石油脑、冰醋酸、二硫化碳、氯代烃混溶	氯代甲烷中毒性最强
乙酸乙酯	77.112	与醇、醚、氯仿、丙酮、苯等大多数有机溶剂溶解，能溶解某些金属盐	低毒性，麻醉性

续表

溶剂名称	沸点/℃ (101.3kPa)	溶 解 性	毒 性
乙醇	78.3	与水、乙醚、氯仿、酯、烃类衍生物等有机溶剂混溶	微毒性,麻醉性
丁酮	79.64	与丙酮相似,与醇、醚、苯等大多数有机溶剂混溶	低毒,毒性强于丙酮
苯	80.10	难溶于水,与甘油、乙二醇、乙醇、氯仿、乙醚、四氯化碳、二硫化碳、丙酮、甲苯、二甲苯、冰醋酸、脂肪烃等大多有机物混溶	高毒性
环己烷	80.72	与乙醇、高级醇、醚、丙酮、烃、氯代烃、高级脂肪酸、胺类混溶	低毒性,中枢抑制作用
乙腈	81.60	与水、甲醇、乙酸甲酯、乙酸乙酯、丙酮、醚、氯仿、四氯化碳、氯乙烯及各种不饱和烃混溶,但是不与饱和烃混溶	中等毒性,大量吸入蒸气,引起急性中毒
异丙醇	82.40	与乙醇、乙醚、氯仿、水混溶	微毒,类似乙醇
1,2-二氯乙烷	83.48	与乙醇、乙醚、氯仿、四氯化碳等多种有机溶剂混溶	高毒性,致癌
乙二醇二甲醚	85.2	溶于水,与醇、醚、酮、酯、烃、氯代烃等多种有机溶剂混溶。能溶解各种树脂,还是二氧化硫、氯代甲烷、乙烯等气体的优良溶剂	吸入和经口低毒
三氯乙烯	87.19	不溶于水,与乙醇、乙醚、丙酮、苯、乙酸乙酯、脂肪族氯代烃、汽油混溶	高毒性
三乙胺	89.6	与水 18.7℃以下混溶,以上微溶,易溶于氯仿、丙酮,溶于乙醇、乙醚	易爆,皮肤黏膜刺激性强
丙腈	97.35	溶解醇、醚、DMF、乙二胺等有机物,与多种金属盐形成加成有机物	高毒性,与氢氰酸相似
庚烷	98.4	与己烷类似	低毒性,刺激性、麻醉性
水	100	略	略
硝基甲烷	101.2	与醇、醚、四氯化碳、DMF 等混溶	麻醉性,刺激性
1,4-二氧六环	101.32	能与水及多数有机溶剂混溶,仍溶解能力很强	微毒,强于乙醚 2～3 倍
甲苯	110.63	不溶于水,与甲醇、乙醇、氯仿、丙酮、乙醚、冰醋酸、苯等有机溶剂混溶	低毒性,麻醉作用
硝基乙烷	114.0	与醇、醚、氯仿混溶,溶解多种树脂和纤维素衍生物	局部刺激性较强
吡啶	115.3	与水、醇、醚、石油醚、苯、油类混溶,能溶多种有机物和无机物	低毒性,皮肤黏膜刺激性
4-甲基-2-戊酮	115.9	能与乙醇、乙醚、苯等大多数有机溶剂和动植物油相混溶	毒性和局部刺激性较强
乙二胺	117.26	溶于水、乙醇、苯和乙醚,微溶于庚烷	刺激皮肤、眼睛
丁醇	117.7	与醇、醚、苯混溶	低毒性,大于乙醇 3 倍
乙酸	118.1	与水、乙醇、乙醚、四氯化碳混溶,不溶于二硫化碳及 C_{12} 以上高级脂肪烃	低毒性,浓溶液毒性强
乙二醇一甲醚	124.6	与水、醛、醚、苯、乙二醇、丙酮、四氯化碳、DMF 等混溶	低毒性

溶剂名称	沸点/℃ (101.3kPa)	溶 解 性	毒 性
辛烷	125.67	几乎不溶于水,微溶于乙醇,与醚、丙酮、石油醚、苯、氯仿、汽油混溶	低毒性,麻醉性
乙酸丁酯	126.11	优良有机溶剂,广泛应用于医药行业,还可以用做萃取剂	一般条件毒性不大
吗啉	128.94	溶解能力强,超过二氧六环、苯和吡啶,与水混溶,溶解丙酮、苯、乙醚、甲醇、乙醇、乙二醇、2-己酮、蓖麻油、松节油、松脂等	腐蚀皮肤,刺激眼结膜,蒸气引起肝肾病变
氯苯	131.69	能与醇、醚、脂肪烃、芳香烃和有机氯化物等多种有机溶剂混溶	低于苯,损害中枢系统
乙二醇一乙醚	135.6	与乙二醇一甲醚相似,但是极性小,与水、醇、醚、四氯化碳、丙酮混溶	低毒类,二级易燃液体
对二甲苯	138.35	不溶于水,与醇、醚和其他有机溶剂混溶	一级易燃液体
二甲苯	138.5~141.5	不溶于水,与醇、乙醚、苯、烃等有机溶剂混溶,乙二醇、甲醇、2-氯乙醇等极性溶剂部分溶解	一级易燃液体,低毒类
间二甲苯	139.10	不溶于水,与醇、醚、氯仿混溶,室温下溶解乙腈、DMF等	一级易燃液体
醋酸酐	140.0	无色易挥发液体,具有强烈刺激性气味和腐蚀性。能与醇、苯、醚及各种有机溶剂混溶,遇水反应显成醋酸	剧毒
邻二甲苯	144.41	不溶于水,与乙醇、乙醚、氯仿等混溶	一级易燃液体
N,N-二甲基甲酰胺	153.0	与水、醇、醚、酮、不饱和烃、芳香烃烃等混溶,溶解能力强	低毒性
环己酮	155.65	与甲醇、乙醇、苯、丙酮、己烷、乙醚、硝基苯、石油脑、二甲苯、乙二醇、乙酸异戊酯、二乙胺及其他多种有机溶剂混溶	低毒类,有麻醉性,中毒几率比较小
环己醇	161	与醇、醚、二硫化碳、丙酮、氯仿、苯、脂肪烃、芳香烃、卤代烃混溶	低毒,无血液毒性,刺激性
N,N-二甲基乙酰胺	166.1	溶解不饱和脂肪烃,与水、醚、酯、酮、芳香族化合物混溶	微毒性
糠醛	161.8	与醇、醚、氯仿、丙酮、苯等混溶,部分溶解低沸点脂肪烃,无机物一般不溶	有毒品,刺激眼睛,催泪
N-甲基甲酰胺	180~185	与苯混溶,溶于水和醇,不溶于醚	一级易燃液体
苯酚(石炭酸)	181.2	溶于乙醇、乙醚、乙酸、甘油、氯仿、二硫化碳和苯等,难溶于烃类溶剂,65.3℃以上与水混溶,65.3℃以下分层	高毒性,对皮肤、黏膜有强烈腐蚀性,可经皮吸收中毒
1,2-丙二醇	187.3	与水、乙醇、乙醚、氯仿、丙酮等多种有机溶剂混溶	低毒性,吸湿,不宜静注
二甲亚砜	189.0	与水、甲醇、乙醇、乙二醇、甘油、乙醛、丙酮乙酸乙酯吡啶、芳烃混溶	微毒性,对眼有刺激性
邻甲酚	190.95	微溶于水,能与乙醇、乙醚、苯、氯仿、乙二醇、甘油等混溶	参照甲酚

续表

溶剂名称	沸点/℃ (101.3kPa)	溶 解 性	毒 性
N,N-二甲基苯胺	193	微溶于水,能随水蒸气挥发,与醇、醚、氯仿、苯等混溶,能溶解多种有机物	抑制中枢和循环系统,经皮肤吸收中毒
乙二醇	197.85	与水、乙醇、丙酮、乙酸、甘油、吡啶混溶,与氯仿、乙醚、苯、二硫化碳等难溶,对烃类、卤代烃不溶,溶解食盐、氯化锌等无机物	低毒性,可经皮肤吸收中毒
对甲酚	201.88	参照甲酚	参照甲酚
N-甲基吡咯烷酮	202	与水混溶,除低级脂肪烃可以溶解大多无机物、有机物、极性气体、高分子化合物	毒性低,不可内服
间甲酚	202.7	参照甲酚	与甲酚相似,参照甲酚
苄醇	205.45	与乙醇、乙醚、氯仿混溶,20℃在水中溶解 3.8%(wt)	低毒性,黏膜刺激性
甲酚	210	微溶于水,能于乙醇、乙醚、苯、氯仿、乙二醇、甘油等混溶	低毒性,腐蚀性,与苯酚相似
甲酰胺	210.5	与水、醇、乙二醇、丙酮、乙酸、二氧六环、甘油、苯酚混溶,几乎不溶于脂肪烃、芳香烃、醚、卤代烃、氯苯、硝基苯等	皮肤、黏膜刺激性、经皮肤吸收
硝基苯	210.9	几乎不溶于水,与醇、醚、苯等有机物混溶,对有机物溶解能力强	剧毒性,可经皮肤吸收
乙酰胺	221.15	溶于水、醇、吡啶、氯仿、甘油、热苯、丁酮、丁醇、苄醇,微溶于乙醚	毒性较低
六甲基磷酸三酰胺	233 (HMTA)	与水混溶,与氯仿络合,溶于醇、醚、酯、苯、酮、烃、卤代烃等	较大毒性
喹啉	237.10	溶于热水、稀酸、乙醇、乙醚、丙酮、苯、氯仿、二硫化碳等	中等毒性,刺激皮肤和眼
乙二醇碳酸酯	238	与热水、醇、苯、醚、乙酸乙酯、乙酸混溶,干燥醚、四氯化碳、石油醚中不溶	毒性低
二甘醇	244.8	与水、乙醇、乙二醇、丙酮、氯仿、糠醛混溶,与乙醚、四氯化碳等不混溶	微毒性,经皮吸收,刺激性小
丁二腈	267	溶于水,易溶于乙醇和乙醚,微溶于二硫化碳、己烷	中等毒性
环丁砜	287.3	几乎能与所有有机溶剂混溶,除脂肪烃外能溶解大多数有机物	微毒性
甘油	290.0	与水、乙醇混溶,不溶于乙醚、氯仿、二硫化碳、苯、四氯化碳、石油醚	食用对人体无毒

附录 C　常用试剂的配制

1. 饱和亚硫酸氢钠溶液

在 100mL 40%亚硫酸氢钠溶液中,加入不含醛的无水乙醇 25mL,混合后如有少量的亚硫酸氢钠晶体析出,必须滤去。此溶液不稳定,容易被氧化和分解,因此不能保存很久,宜实验前配制。

2．卢卡斯(Lucas)试剂

将 34g 熔化过的无水氯化锌溶于 23mL 纯浓盐酸中,配制时必须加以搅动,同时冰水浴中冷却以防氯化氢逸出,即得 35mL 溶液,放冷后,存在玻璃瓶中,塞紧。

3．托伦(Tollen)试剂

取 1mL 5％硝酸银溶液置于一洁净的试管中,加入 1 滴 10％氢氧化钠溶液,然后滴加 2％氨水,随加随振荡,直至沉淀刚好溶解为止。氨水不能过量,现用现配。

4．斐林(Fehling)试剂

斐林试剂 A：将 34.6g 硫酸铜晶体(CuSO_4 · 5H_2O)溶于 500mL 水中,混浊时过滤。斐林试剂 B：称取酒石酸钾钠 173g、氢氧化钠 70g 溶于 500mL 水中。以上两种溶液要分别存放,使用时取等量混合试剂 A 和试剂 B 即可。

5．班氏(Benediet)试剂

173g 柠檬酸钠与 100g 无水碳酸钠溶于 800mL 水;结晶硫酸铜 17.3g 溶于 100mL 水,然后将此溶液加入上述第一种溶液中,最后稀释至 1L。

6．席夫(Schiff)试剂

称取 0.5g 碱性品红,加到 100mL 煮沸的蒸馏水中,再微微加热 5min,不断搅拌,使它溶解。在溶液冷却到 50℃时过滤,滤液中加入 10mL 1mol/L 盐酸。再冷却到 25℃时加入 0.5g 偏重亚硫酸钠或无水亚硫酸氢钠。把溶液装入棕色试剂瓶内,摇荡后,塞紧瓶塞,放在黑暗中 24h。在溶液颜色褪到淡黄色时,加入 0.5g 活性炭,用力摇荡 1min,过滤后把滤液储在棕色试剂瓶内,塞紧瓶塞,滤液应该是无色的。在使用时勿让溶液长时间暴露在空气中或见光(瓶外用黑纸或暗盒遮光)。如溶液变成红色,即失去染色能力。

7．α-萘酚酒精试剂

取 α-萘酚 10g 溶于 20mL 95％酒精中,再用 95％酒精稀释至 100mL。需用前配置。

8．β-萘酚溶液

取 4g β-萘酚溶于 40mL 5％氢氧化钠溶液中。

9．西里瓦诺夫(Seliwanoff)试剂

取间苯二酚 0.05g 溶于 50mL 浓盐酸中,再用水稀释至 100mL。需用前配制。

10．高碘酸-硝酸银试剂

将 25g 12％的高碘酸钾溶于 2mL 浓硝酸,与 2mL 10％硝酸银溶液混合均匀,如有沉淀,过滤后取透明液体备用。

11. 钼酸铵试剂

取 10g 晶体钼酸铵溶于 200mL 冷水中,加入 75mL 浓硝酸搅拌均匀即可使用。

12. 碘化汞钾(K_2HgI_4)试剂

把 5% 碘化钾溶液逐滴加入到 10mL 5% 氯化汞溶液中,边加边搅拌,加至初生成的红色沉淀(HgI_2)完全溶解为止。

13. 铬酸试剂

将 20g 三氧化铬(CrO_3)加到 20mL 浓硫酸中,搅拌成均匀糊状,然后将糊状物小心地倒入 60mL 蒸馏水中,搅拌均匀得到橘红色澄清透明溶液。

14. 氯化亚铜氨溶液

取 1g 氯化亚铜加入 1~2mL 浓氨水和 10mL 水中,用力摇动后,静止片刻,倾出溶液,在溶液中投入一块铜片或一根铜丝。

15. 醋酸铜-联苯胺试剂

本试剂由 A 和 B 组成,使用前临时将两者等体积地混合。其配法分别是,A 液:取 150mg 联苯胺溶于 100mL 水及 1mL 醋酸中,储存在棕色瓶内;B 液:取 286mg 醋酸铜溶于 100mL 水中,储存于棕色瓶内。

16. 米伦(Millon)试剂

将 2g 汞溶于 3mL 浓硝酸(相对密度 1.4)中,然后用水稀释到 100mL。它主要含有汞、硝酸亚汞和硝酸汞,此外还有过量的硝酸和少量的亚硝酸。

17. 碘液

(1) 将 20g 碘化钾溶于 100mL 蒸馏水中,然后加入 10g 研细的碘粉,搅动使其全溶呈深红色溶液。

(2) 将 1g 碘化钾溶于 100mL 蒸馏水中,然后加入 0.5g 碘,加热溶解即得红色清亮溶液。

(3) 将 2.6g 碘溶于 50mL 95% 乙醇中,另把 3g 氯化汞溶于 50mL 95% 乙醇中,两者混合,滤除不溶物,使溶液澄清。

18. 溴水溶液

溶解 15g 溴化钾于 100mL 水中,加入 10g 溴,振荡即成。

19. 二苯胺-硫酸溶液

称取二苯胺 0.5g,溶于 100mL 浓硫酸中。

20．2,4-二硝基苯肼溶液

（1）在 15mL 浓硫酸中，溶解 3g 2,4-二硝基苯肼。另在 70mL 95％乙醇里加 20mL 水。然后把硫酸苯肼倒入稀乙醇溶液中，搅动混合均匀即成橙红色溶液（若有沉淀应过滤）。

（2）将 1.2g 2,4-二硝基苯肼溶于 50mL 30％高氯酸中。配好后储于棕色瓶中，不易变质。

方法（1）法配制的试剂 2,4-二硝基苯肼浓度较大，反应时沉淀多，便于观察。方法（2）配制的试剂，由于高氯酸盐在水中溶解度很大，因此便于检验水溶液中的醛且较稳定，长期储存不易变质。

21．苯肼试剂

（1）将 5mL 苯肼溶于 50mL10％醋酸溶液中，加 0.5g 活性炭。搅拌后过滤，把滤液保存于棕色试剂瓶中，苯肼试剂放置时间过久会失效。苯肼有毒，使用时切勿与皮肤接触，如不慎触及，应用 5％醋酸溶液冲洗，再用肥皂洗涤。

（2）称取 2g 苯肼盐酸盐和 3g 醋酸钠混合均匀，于研钵上研磨成粉末即得盐酸苯肼-醋酸钠混合物，取 0.5g 盐酸苯肼-醋酸钠混合物与糖液作用。苯肼在空气中不稳定，因此，通常用较稳定的苯肼盐酸盐。因为，成脎反应必须在弱酸性溶液中进行，使用时必须加入适量的醋酸钠，以缓冲盐酸的酸度，所用醋酸钠不能过多。

（3）将 0.5g10％盐酸苯肼溶液和 0.5mL15％醋酸钠溶液加入 2mL 的糖液中。

22．1％淀粉溶液

将 1g 可溶性淀粉溶于 5mL 冷蒸馏水中，用力搅成稀浆状，然后倒入 94mL 沸水中，即得近于透明的胶体溶液，放冷使用。

23．0.1％茚三酮乙醇溶液

将 0.1g 茚三酮溶于 124.9mL 95％乙醇中，用时新配。

24．0.5％酪蛋白溶液

将 0.5g 酪蛋白溶于 99.5mL 0.04 ％氢氧化钠溶液里。

25．次溴酸钠水溶液

在 2 滴溴中，滴加 5％氢氧化钠溶液，直到溴全溶且溶液红色褪掉呈淡蓝色为止。

26．特制药棉

取 1g 醋酸铅溶于 10mL 水中。将所得溶液加到 60mL 1mol/L 的氢氧化钠溶液中，不停地加以搅拌，直到沉淀完全溶解为止。再取 5g 五水硫代硫酸钠溶于 10mL 水中，将所得溶液加到上述醋酸铅溶液中，再加 1mL 甘油，用水稀释到 100mL。用这个溶液浸泡棉花，再将棉花取出拧干后即可应用。

附录 D　有机化学实验预习、记录及报告格式要求

1. 实验预习

实验预习对保证实验的安全顺利进行起关键作用。只有认真做好实验预习,仔细写好预习报告,做到心中有数,实验才能做得又快又好。预习的具体内容要求如下。

(1) 明确实验目的和要求。

(2) 了解反应机理,写出主反应和副反应方程式。如:

主反应:

$$NaBr + H_2SO_4 \longrightarrow HBr + NaHSO_4$$

$$C_2H_5OH + HBr \overset{\triangle}{\Longleftrightarrow} C_2H_5Br + H_2O$$

副反应:

$$2C_2H_5OH \xrightarrow{H_2SO_4} C_2H_5OC_2H_5 + H_2O$$

$$C_2H_5OH \xrightarrow{H_2SO_4} CH_2=CH_2 + H_2O$$

如没有反应式,请写出简明实验原理。

(3) 以表格形式列出化学药品和产物的物理常识(查手册或辞典)、用量和规格,如:

主要药品及产物的物理常数

名称	相对分子质量	d_4^{20}	熔点/℃	沸点/℃	溶解度/(g/100g 溶剂)
乙醇	46	0.789	−117.3	78.4	水中∞
无水 NaBr	103		755	1390	水中 79.5(0℃)
H_2SO_4	98	1.834	10.38	340(分解)	水中∞
溴乙烷	109	1.46	−118.6	38.4	水中 1.06(0℃),醇中∞
$NaHSO_4$	120	2.742	186	—	水中 50(0℃),100(100℃)
乙醚	74	0.708	−116	34.6	水中 7.5(20℃)
乙烯	28	—	−169	−103.7	

主要试剂的用量及规格

名　　称	理论用量	实际用量	过量	理论产量
95％乙醇	0.126mol	10mL(8g,0.165mol)	31％	
溴化钠	0.126mol	13g(0.126mol)	0％	—
浓硫酸(96％)	0.126mol	18mL(0.32mol)	154％	—
溴乙烷	0.126mol		—	13.7g

（4）实验步骤：根据实验教材上的文字叙述将实验步骤改写成流程图。如：

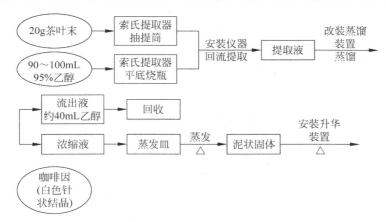

步骤中的文字可用符号简化，如化合物写成分子式，加热写成△，加料写成＋，沉淀写成↓，气体逸出写成↑等。

（5）画出主要的反应装置图，并标明仪器名称。如：

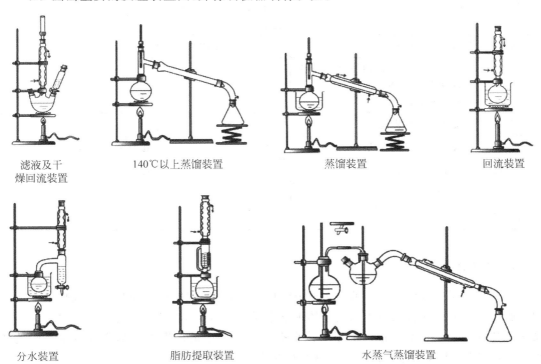

滤液及干　　　140℃以上蒸馏装置　　　蒸馏装置　　　回流装置
燥回流装置

分水装置　　　脂肪提取装置　　　水蒸气蒸馏装置

（6）了解反应的注意事项。

2. 记录

必须对整个实验过程仔细观察，积极思考，将所用试剂的用量、浓度以及观察到的现象（如反应物颜色的变化、反应温度的变化、有无结晶或沉淀的产生或消失、是否放热或有气体放出等）和测得的各种数据及时如实地记录下来。格式如下：

时间	实验步骤	实验现象	备 注
14:30	安装反应仪器		接收瓶中放 20mL 水,外用冷却水
14:45	在烧瓶中放 9mL 水,小心加入 18mL 浓硫酸,用水浴冷却	放热	
14:55	再加 10mL95%乙醇		
15:00	振荡下逐渐加 13gNaBr,同时用水浴冷却	固体成碎粒状,未溶	
15:10	加入几粒沸石,开始加热		
15:20		出现大量细泡沫	
15:25		冷凝管中有馏出液,乳白色油状物沉在水底	
16:15		固体消失	
16:25	停止加热	馏出液中已无油滴,烧瓶中残留物冷却成无色晶体	用试管盛少量水试验为 $NaHSO_4$
16:30	用分液漏斗分出油层	油层(上层)变透明	油层 8mL
16:35	油层用冷水冷却,滴加 5mL 浓硫酸,振荡后静置分去下层硫酸		
16:50	安装好蒸馏装置		
17:05	水浴加热,蒸馏油层	38℃	接收瓶　　53.0g
17:10	开始有馏出液	39.5℃	接收瓶+溴乙烷 63.0g
17:20	蒸馏完毕		溴乙烷 10.0g
17:35			

3. 实验报告

实验报告是完成整个实验的一个重要组成部分,也是把感性认识提高到理性认识的必要步骤。一份好的实验报告可以充分体现学生对实验理解的深度、综合解决问题的素质和文字表达的能力。在实验报告中还应该根据自己实验中的成败得失提出改进本实验的意见、回答指定的思考题等。报告格式以溴乙烷的制备为例:

实验 XX　溴乙烷的制备

一、实验目的和要求

1. 了解由醇制备溴代烷的原理及方法。

2. 初步掌握蒸馏装置和分液漏斗的用法。

二、反应式

主反应：

$$NaBr + H_2SO_4 \longrightarrow HBr + NaHSO_4$$

$$C_2H_5OH + HBr \overset{\triangle}{\rightleftharpoons} C_2H_5Br + H_2O$$

副反应：

$$2C_2H_5OH \xrightarrow{H_2SO_4} C_2H_5OC_2H_5 + H_2O$$

$$C_2H_5OH \xrightarrow{H_2SO_4} CH_2=CH_2 + H_2O$$

三、主要药品的用量及规格

名　　称	理论用量	实际用量	过量	理论产量
95％乙醇	0.126mol	10mL(8g,0.165mol)	31％	—
溴化钠	0.126mol	13g(0.126mol)	0％	—
浓硫酸(96％)	0.126mol	18mL(0.32mol)	154％	—
溴乙烷	0.126mol	—	—	13.7g

注：试剂用量为实验过程中的真实用量。

四、实验步骤及现象

时间	实验步骤	实验现象	备注
14:30	安装反应仪器		接收瓶中放20mL水,外用冷却水
14:45	在烧瓶中放9mL水,小心加入180mL浓硫酸,用水浴冷却	放热	
14:55	再加10mL95％乙醇		
15:00	振荡下逐渐加13gNaBr,同时用水浴冷却	固体成碎粒状,未溶	
15:10	加入几粒沸石,开始加热		
15:20		出现大量细泡沫	
15:25		冷凝管中有馏出液,乳白色油状物沉在水底	
16:15		固体消失	
16:25	停止加热	馏出液中已无油滴,烧瓶中残留物冷却成无色晶体	用试管盛少量水试验为NaHSO_4
16:30	用分液漏斗分出油层	油层(上层)变透明	油层8mL
16:35	油层用冷水冷却,滴加5mL浓硫酸,振荡后静置分去下层硫酸		
16:50	安装好蒸馏装置		
17:05	水浴加热,蒸馏油层	38℃	接收瓶　53.0g
17:10	开始有馏出液	39.5℃	接收瓶+溴乙烷63.0g
17:20	蒸馏完毕		溴乙烷10.0g
17:35			

五、产品与产率

产品：溴乙烷，无色透明液体，沸程 38～39.5℃，产量 10g。

产率：因其他试剂过量，理论产量应按溴化钠计算。0.126mol 溴化钠能产生 0.126mol（即 0.126mol×109 ＝ 13.7g）溴乙烷。

$$产率 ＝ （10÷13.7）×100\% ＝ 73\%$$

六、讨论

本次实验基本成功。加浓硫酸洗涤时发热，说明粗产品中乙醚、乙醇或水分过多。这可能是反应过程中加热太猛，使副反应增加所致；也可能从水中分出粗产品时，夹带了一点水。溴乙烷沸点较低，用硫酸洗涤时由于发热导致部分产品挥发损失。操作技术有待熟练。

附录 E　实验室安全常识

由于有机化学实验室所用的试剂多数是有毒、可燃、有腐蚀性或爆炸性的，所用的仪器大部分又是玻璃制品，所以，在有机化学实验室中工作，若粗心大意，就容易发生事故。如割伤、烧伤，乃至火灾、中毒和爆炸等。因此，必须充分认识到化学实验室是具有潜在危险的场所。然而，只要我们重视安全问题，思想上提高警惕，实验时严格遵守操作规程，加强安全措施，大多数事故是可以避免的。下面介绍化学实验室的安全守则、危险品的使用规则和实验室事故的预防和处理。

1. 实验室安全守则

（1）实验开始前应检查仪器是否完整无损，装置是否正确稳妥，在征求指导教师同意之后，方可进行实验。

（2）实验进行时，不得擅自离开岗位，要经常注意观察反应进行的情况和装置是否有漏气、破损等现象。

（3）当进行有可能发生危险的实验时，要根据实验情况采取必要的安全措施，如戴防护眼镜、面罩或橡皮手套等。

（4）使用易燃、易爆试剂时，应远离火源。实验试剂不得入口。严禁在实验室内吸烟或吃饮食物。实验结束后要细心洗手。

（5）熟悉安全用具，如灭火器材、砂箱以及急救药箱的放置地点和使用方法，并要妥善爱护。安全用具和急救药箱不准移作他用。

2. 危险药品的使用规则

1）易燃、易爆和腐蚀性药品的使用规则

（1）绝不允许把各种化学药品任意混合，以免发生意外事故。

（2）使用氢气时，要严禁烟火，点燃氢气前，必须检验氢气的纯度。进行有大量氢气产生的实验时，应把废气通向室外，并需注意室内的通风。

（3）可燃性试剂不能用明火加热，必须用水浴、油浴、沙浴或可调电压的电热套加热。使用和处理可燃性试剂时，必须在没有火源和通风的实验室中进行，试剂用毕要立即盖紧瓶塞。

（4）钾、钠和白磷等暴露在空气中易燃烧，所以，钾、钠应保存在煤油（或石蜡油）中，白磷可保存在水中。取用它们时要用镊子。

（5）取用酸、碱等腐蚀性试剂时，应特别小心，不要洒出。废酸应倒入废酸缸中，但不要往废酸缸中倾倒废碱，以免因酸碱中和放出大量的热而发生危险。浓氨水具有强烈的刺激性气味，一旦吸入较多氨气时，可能导致头晕甚至晕倒。若氨水进入眼内，严重时可能造成失明。所以，在热天取用氨水时，最好先用冷水浸泡氨水瓶，使其降温后再开瓶取用。

（6）对某些强氧化剂（如氯酸钾、硝酸钾、高锰酸钾等）或其混合物，不能研磨，否则将引起爆炸；银氨溶液不能留存，因其久置后会生成氮化银而容易爆炸。

2）有毒、有害药品的使用规则

（1）有毒药品（如铅盐、砷的化合物、汞的化合物、氰化物和重铬酸钾等）不得进入口内或接触伤口，也不得随便倒入下水道。

（2）金属汞易挥发，并能通过呼吸道而进入体内，会逐渐积累而造成慢性中毒，所以在取用时要特别小心，不得把汞洒落在桌上或地上。一旦洒落，必须尽可能收集起来，并用硫磺粉盖在洒落汞的地方，使汞变成不挥发的硫化汞，然后再除尽。

（3）制备和使用具有刺激性的、恶臭和有害的气体（如硫化氢、氯气、光气、一氧化碳、二氧化硫等）及加热蒸发浓盐酸、硝酸、硫酸等时，应在通风橱内进行。

（4）对某些有机溶剂如苯、甲醇、硫酸二甲酯，使用时应特别注意。因为这些有机溶剂均为脂溶性液体，不仅对皮肤及黏膜有刺激性作用，而且对神经系统也有损伤。生物碱大多具有强烈毒性，皮肤也可吸收，少量即可导致中毒甚至死亡。因此，使用这些试剂时均须穿上工作服、戴上手套和口罩。

（5）必须了解哪些化学药品具有致癌作用，在取用这些药品时应特别注意。

3. 意外事故的预防和处理

1）意外事故的预防

（1）防火

① 在操作易燃溶剂时，应远离火源，切勿将易燃溶剂放在敞口容器内用明火加热或放在密闭容器内加热。

② 在进行易燃物质实验时，应先将酒精等易燃物质挪开。

③ 蒸馏易燃物质时，装置不能漏气，接收器支管应与橡皮管相连，使余气通往水槽或室外。

④ 回流或蒸馏液体时应放沸石，不要用火焰直接加热烧瓶，而应根据液体沸点的高低使用石棉网、油浴、沙浴或水浴。冷凝水要保持畅通。

⑤ 切勿将易燃溶剂倒入废液缸中，更不能用敞口容器盛放易燃液体。倾倒易燃液体时应远离火源，最好在通风橱中进行。

⑥ 油浴加热时，应绝对避免水滴溅入热油中。

⑦ 酒精灯用毕应立即盖灭。避免使用灯颈已经破损的酒精灯。切忌斜持一只酒精灯到另一只酒精灯上去点火。

（2）爆炸的预防

① 蒸馏装置必须安装正确。常压操作时，切勿造成密闭体系；减压蒸馏时，要用圆底

烧瓶或吸滤瓶作接收器,不可用锥形瓶或平底烧瓶,否则可能会发生炸裂。

② 使用易燃易爆气体(如氢气、乙炔等)时,要保持室内空气畅通,严禁明火,并应防止一切火星的产生。有机溶剂如乙醚或汽油等的蒸气与空气相混时极为危险,可能会由一个热的表面或者一个火花、电花而引起爆炸,应特别注意。

③ 使用乙醚时,必须检验是否有过氧化物存在,如果发现有过氧化物存在,应立即用硫酸亚铁除去过氧化物后才能使用。

④ 对于易爆炸的固体,或遇氧化物会发生猛烈爆炸或燃烧的化合物,或可能生成有危险性的化合物的实验,都应事先了解其性质、特点及注意事项,操作时应特别小心。

⑤ 开启有挥发性液体的试剂瓶时,应先用冷水冷却,开启时瓶口必须指向无人处,以免由于液体喷溅而导致伤害。当瓶塞不易开启时,必须注意瓶内储存物质的性质,切不可贸然用火加热或乱敲瓶塞等。

(3) 中毒的预防

① 对有毒药品应小心操作,妥为保管,不许乱放。实验中所用的剧毒物质应由专人负责收发,并向使用者指出必须注意遵守的操作规程。对实验后的有毒残渣必须作妥善有效处理,不准乱丢。

② 有些有毒物质会渗入皮肤,因此,使用这些有毒物质时必须穿上工作服,戴上手套,操作后立即洗手,切勿让有毒药品沾及五官或伤口。

③ 在反应过程中可能会产生有毒或有腐蚀性气体的实验应在通风橱内进行,实验过程中,不要把头伸入橱内,使用后的器皿应立即清洗。

(4) 触电的预防

使用电器时,应防止人体与金属导电部分直接接触,不能用湿的手或手握湿的物体接触电插头。装置或设备的金属外壳等都应连接地线。实验后应先切断电源,再将电器连接总电源的插头拔下。

2) 意外事故的处理

(1) 起火。起火时,要立即一面灭火,一面防止火势蔓延(如采取切断电源、移去易燃药品等措施)。灭火要针对起因选用合适的方法:一般小火可用湿布、石棉布或沙子覆盖燃烧物;火势大时可使用泡沫灭火器;电器失火时切勿用水泼救,以免触电;若衣服着火,切勿惊慌乱跑,应赶紧脱下衣服,或用石棉布覆盖着火处,或立即就地打滚,或迅速以大量水扑灭。

(2) 割伤。伤处不能用手抚摸,也不能用水洗涤。应先取出伤口中的玻璃碎片或固体物,用 $3\%H_2O_2$ 洗后涂上紫药水或碘酒,再用绷带扎住。大伤口则应先按紧主血管以防大量出血,急送医务室。

(3) 烫伤。不要用水冲洗烫伤处。烫伤不重时,可涂凡石林、万花油,或者用蘸有酒精的棉花包扎伤处;烫伤较重时,立即用蘸有饱和苦味酸或高锰酸钾溶液的棉花或纱布贴上,送到医务室处理。

(4) 酸或碱灼伤。酸灼伤时,应立即用水冲洗,再用 $3\%NaHCO_3$ 溶液或肥皂水处理;碱灼伤时,水洗后用 $1\%HAc$ 溶液或饱和 H_3BO_3 溶液洗。

(5) 酸或碱溅入眼内。酸液溅入眼内时,立即用大量自来水冲洗眼睛再用 $3\%NaHCO_3$ 溶液洗眼;碱液溅入眼内时,先用自来水冲洗眼睛,再用 $10\%H_3BO_3$ 溶液洗眼。最后均用蒸馏水将余酸或余碱洗净。

（6）皮肤被溴或苯酚灼伤。应立即用大量有机溶剂如酒精或汽油洗去溴或苯酚,最后在受伤处涂抹甘油。

（7）吸入刺激性或有毒的气体。吸入 Cl_2 或 HCl 气体时,可吸入少量乙醇和乙醚的混合蒸气使之解毒;吸入 H_2S 或 CO 气体而感到不适时,应立即到室外呼吸新鲜空气。应注意,Cl_2 或 Br_2 中毒时可进行人工呼吸,CO 中毒时不可使用兴奋剂。

（8）毒物进入口内。将 $5\sim10mL$ 5% $CuSO_4$ 溶液加到一杯温水中,内服,然后把手指伸入喉部,促使呕吐,吐出毒物,然后立即送医务室。

（9）触电。首先切断电源,然后在必要时进行人工呼吸。

参 考 文 献

[1] 兰州大学,复旦大学化学系有机化学教研室.有机化学实验[M].2 版.卫洁廉,沈凤嘉,修订.北京:
    高等教育出版社,2003.
[2] 周科衍,高占先.有机化学实验[M].3 版.北京:高等教育出版社,2001.
[3] 徐家宁,张锁秦,张寒琦.基础化学实验(中册)[M].北京:高等教育出版社,2007.
[4] 韩广甸,赵树纬,李述文,等.有机化学制备手册(中卷)[M].北京:化学工业出版社,1985.
[5] 赵何为,朱承炎.精细化工实验[M].上海:华东化工学院出版社,1992.
[6] 齐立权.基础有机化学人名反应 100 例[M].沈阳:辽宁大学出版社,1990.
[7] 李兆陇.有机化学实验[M].北京:清华大学出版社,2001.
[8] 周志高.有机化学实验[M].北京:化学工业出版社,2005.
[9] 吴泳著.大学化学新体系[M].北京:科学出版社,2001.
[10] 丁长江.有机化学实验[M].北京:科学出版社,2006.
[11] 黄智敏,邢秋菊,李婷婷.微型有机化学实验[M].北京:化学工业出版社,2013.
[12] 吉卯祉,黄家卫,胡冬华,等.有机化学实验[M].3 版.北京:科学出版社,2013.
[13] 王兴涌,尹文萱,高宏峰.有机化学实验[M].北京:科学出版社,2008.
[14] 北京师范大学《化学实验规范》编写组.化学实验规范[M].北京:北京师范大学出版社,1987.
[15] 李兆陇,阴金香,林天舒.有机化学实验[M].北京:清华大学出版社,2001.
[16] 刘军,周忠强.有机化学实验[M].武汉:武汉理工大学出版社,2009.
[17] 郭燕文,叶彦春,章军.有机化学实验[M].北京:北京理工大学出版社,2007.
[18] 王尊本.综合化学实验[M].北京:科学出版社,2003.
[19] 杨频,高孝恢.性能－结构－化学键[M].北京:高等教育出版社,1992.
[20] SYKES P.有机化学反应机理指南[M].王世椿,译.北京:科学出版社,1983.
[21] 邢其毅,徐瑞秋,周政.基础有机化学,上下册[M].2 版.北京:高等教育出版社,1993.
[22] 姚新生,等.有机化合物波谱分析[M].2 版.北京:人民卫生出版社,1983.
[23] 洪山海.光谱解析法在有机化学中的应用[M].北京:科学出版社,1980.
[24] 陈耀祖.有机分析[M].北京:高等教育出版社,1983.
[25] Neckers D C,等.有机化学,上下册[M].金寄春,等,译.北京:化学工业出版社,1984.
[26] 花文延.杂环化学[M].北京:北京大学出版社,1990.
[27] 周莹.有机化学实验[M].武汉:中南大学出版社,2006.
[28] 侯士聪.基础有机化学实验[M].北京:中国农业大学出版社,2006.
[29] 北京师范大学化学系有机教研室.有机化学实验[M].北京:北京师范大学出版社,1993.
[30] 王玉标,刘传生.有机化学实验[M].北京:学苑出版社,1989.
[31] 徐寿昌.有机化学[M].3 版.北京:高等教育出版社,2002.
[32] 曾淑兰.工科大学化学实验[M].天津:天津大学出版社,1994.